导 读

　　本书概述了民宿的起源、民宿的打造理念；综述了民宿软装装饰的设计思路；利用室内设计奥斯卡的安德鲁·马丁奖的获奖案例，展示了那些世界各地最新的"利用在地资源，打造出特色室内风格"的手法。接下来又分八个章节介绍了民宿中"在地资源"的应用：特殊的地形或动植物景观、少数民族风情或古村聚落、遗留的工厂或博物馆、当地特色物产……这些人文、自然或历史资源，或成为主题，或作为建筑材料和装饰材料，贯穿应用到民宿打造的始末。

　　书中集聚了国内外优秀的民宿和精品艺术酒店的案例。这些利用本土资源建造装饰民宿或精品酒店的手法，或隐晦或直白，看似微不足道的细节，却在设计上有过人之处。让我们用这本书详细拆解，娓娓道来。希望此书让你离你的"民宿梦"更近一步，让你发现"何期自性，本自具足"的奥义，发现你能用以装饰民宿的诸多资源，都已然在你的手边。

　　书后附有详细的民宿软装基础知识，包含：民宿色彩设计基础教程；民宿家具教程；民宿卫浴设计教程；民宿特色艺术陈设（镜子、工艺品、装饰花艺、空间香氛等）教程；还附有旅游民宿基本要求与评价标准。

献给每一个想开民宿的人

民宿的软装

——巧用在地文化装饰民宿

国际纺织品流行趋势
软装 mook 杂志社　编著

江苏凤凰文艺出版社
JIANGSU PHOENIX LITERATURE AND
ART PUBLISHING, LTD

图书在版编目（CIP）数据

民宿的软装 ：巧用在地文化装饰民宿 / 国际纺织品
流行趋势 ·软装 mook 杂志社编著 . -- 南京 ：江苏凤凰文
艺出版社，2018.6
　ISBN 978-7-5594-1830-2

　Ⅰ . ①民… Ⅱ . ①国… Ⅲ . ①住宅－室内装饰设计－
案例－世界 Ⅳ . ① TU241

中国版本图书馆 CIP 数据核字 (2018) 第 066145 号

书　　　名	民宿的软装 —— 巧用在地文化装饰民宿
编　　　著	国际纺织品流行趋势软装mook杂志社
责 任 编 辑	孙金荣
特 约 编 辑	高 红　于洋洋　苑 圆
项 目 策 划	凤凰空间/郑亚男
封 面 设 计	米良子　郑亚男
内 文 设 计	郑亚男　许岳鑫　米良子
出 版 发 行	江苏凤凰文艺出版社
出版社地址	南京市中央路165号，邮编：210009
出版社网址	http://www.jswenyi.com
印　　　刷	上海利丰雅高印刷有限公司
开　　　本	889 毫米×1 194 毫米　1 / 16
印　　　张	16
字　　　数	128千字
版　　　次	2018年6月第1版　2023年3月第2次印刷
标 准 书 号	ISBN 978-7-5594-1830-2
定　　　价	258.00元

（江苏凤凰文艺版图书凡印刷、装订错误可随时向承印厂调换）

目 录

如何打造"有自身性格"
和"有生命力"的民宿?

1

民宿打造理念概述
CONCEPT

■ 民宿产品的打造要注重文化的附加值，这里文化可以是当地文化，也可以是民宿主人的文化倾向、爱好等。

■ 随着民宿产品的发展，差异化会越来越明显，民宿主利用自身资源创造出各式各样的民宿产品，树屋、洞穴、城堡、拖车，甚至改造过的飞机、帐篷等，这都让民宿产品充满了故事性，还为许多媒体提供了可以发挥的宣传素材。

■ 差异本身就是一种宣传。

■ 民宿说到底是一种体验类产品，游客到此体验不同于日常的生活方式和情景。体验类产品创造的环境沉浸程度越高体验感就越强烈，同样民宿的价值也就更高。

■ 沉浸式体验即为协调性的视、听、触、嗅等多感官的全面体验。拥有沉浸式的民宿产品在积累口碑方面会表现突出，让游客因充分享受而难以忘怀。

■ 沉浸式体验越好，口碑越好。

▌01 民宿的国内现状

民宿起源有很多说法，在各国情况也依国情不同。

"欧陆方面多是农庄式民宿(Accommodation in the Farm)经营模式，让人们能够舒适地享受农庄式田园生活环境，体验农庄生活；加拿大则是假日农庄(Vacation Farm)的模式，让人们可以享受农庄生活；美国则多是居家式民宿(Homestay)或青年旅舍(Hostel)，不刻意布置的居家住宿，价格相对便宜；英国则惯称 Bed and Breakfast(BNB)，按字面解释，意谓提供睡觉以及简单早餐的地方，每人每晚约二三十英镑，视星级而定，但价格会比一般旅馆便宜许多。"

在我国，民宿发展虽晚但势头迅猛，又因互联网环境下的话题性和传播力，受到消费者及投资者关注，迅速成长为一类新兴行业，在短短几年内已经从民宿产品 1.0 版本更新到 2.0、3.0 版本。

根据客栈群英汇调查，2016 年末，我国大陆客栈民宿总数达 53852 家。短短两年时间内，我国客栈民宿数量涨幅达到 78%。

同时国家旅游局 2017 年也发布了《旅游民宿基本要求与评价》的国家级标准（附录 1），于 2017 年 10 月 1 日起开始实施。

希望这本书不但能为读者们提供一些民宿软装知识，同时能了解一些民宿行业的前沿理念，从而使经营的民宿更加具有市场竞争力。

▌02 以产品的理念来打造民宿

行业内，通常用"产品"的思维方式来探讨民宿，当然不这么考虑也会做出效果很好的民宿，专业词汇和方法其实是方便人们更清晰快速地将理念运用到实践中，更好地指导实践。

打造一个在未来良好运行的民宿产品，初期规划阶段至少要考虑以下三个要素，即产品的三个基本属性。

	各城市民宿数量统计				
排名	城市	客栈民宿（家）	排名	城市	客栈民宿（家）
1	丽江市	2971	11	桂林市	677
2	大理白族自治州	2179	12	黄山市	654
3	嘉兴市	1805	13	苏州市	643
4	厦门市	1542	14	张家口市	641
5	成都市	1343	15	上饶市	545
6	北京市	1140	16	拉萨市	460
7	深圳市	1090	17	北海市	451
8	丹山市	868	18	重庆市	438
9	杭州市	783	19	三亚市	418
10	晋中市	742	20	潮州市	393

截止到 2016 年 9 月，迈点研究和客栈群英会的统计

民宿的市场价值表现最基本的形式就是价格。随着数量增加，民宿会向更加国际化、更加市场化的方向发展，所以民宿主需要更策略性地思考自己的民宿产品。

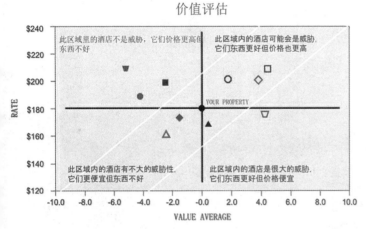

民宿的竞争市场最终会走向后竞争市场，而后竞争市场中最终的竞争力会回归到产品本身，所以"有自身性格"和"有生命力"将是民宿产品的方向。

如何打造"有自身性格"和"有生命力"的民宿？主要有以下两点：

注重产品的差异化

相同的产品在不同的竞争市场，价格的差异会很大。

差异分为产品风格差异和相近风格下产品深度的差异，归根结底就是对风格所对应的文化的选择差异和理解深度差异。所以，民宿产品的打造要注重文化

的附加值，这里文化所指可以是当地文化，也可以是民宿主个人的文化倾向、爱好等。

随着民宿产品的发展，差异化会越来越明显，民宿主利用自己身边的资源创造出各式各样的民宿产品，树屋、洞穴、城堡、拖车，甚至改造过的飞机、帐篷等，这都让民宿产品充满了故事性，为许多媒体提供了能发挥的宣传材料。

记住，差异本身就是一种宣传。

创造沉浸式的产品体验

民宿说到底是一种体验类产品，游客到此体验反差于日常的生活方式和情景。体验类产品创造的环境沉浸式程度越高，体验感就越强烈，同样民宿的价值也就更高。沉浸式体验即为协调性的视、听、触、嗅等多感官体验，具体在稍后章节会介绍。拥有沉浸式的民宿产品在积累口碑方面会表现突出，让游客因充分享受而难以忘怀。

记住，体验越好口碑越好。

跟随我们，用十一步，做出
属于你的民宿设计。

2

民宿软装装饰设计思路
METHOD

■ 民宿的设计原则主要有三条：

1、挖掘所选风格对应的文化内容，注重文化附加值。

2、创造多感官沉浸式体验。

3、整体协调统一。

■ 本章依照之前总结的理念与原则，为大家提炼出一个清晰、便于操作的设计流程。

■ 一个民宿产品基于各自情况差异，可能大到十几栋村舍，小到一个房间，涉及范围也会从选址盖房到一个花瓶的摆放，从管理运营到管家的微笑，事无巨细。这就需要民宿主依据自己民宿产品的规划和阶段去学习不同的知识。

▮01 设计原则

　　一个民宿产品基于各自情况差异，可能大到十几栋村舍，小到一个房间，涉及范围也会从选址盖房到一个花瓶的摆放，从管理运营到管家的微笑，事无巨细。这就需要民宿主依据自己民宿产品的规划和阶段去学习不同的知识。

　　很多情况下，民宿主是就现有闲置房屋进行装饰改造。不论规模大小，民宿产品的实体呈现最终还是会落到软装装饰。本章侧重分享的就是民宿的软装装饰知识。

　　设计原则主要有三条：

　　1、挖掘所选风格对应的文化内容，注重文化附加值。

　　2、创造多感官沉浸式体验。

　　3、整体协调统一。

▮02 设计方法

　　专业设计师经过职业训练会有一系列专业的设计方法来辅助工作，专业度体现在对专业知识的掌握范围和理解深度。在这里依照之前总结的理念与原则，为大家提炼出一个清晰、便于操作的设计流程。

■ Step 1 首次空间测量

工具：尺子、相机、纸、笔

流程：

1、了解空间尺度，硬装基础。

2、测量尺寸，出平面图。

3、房间立面拍照。

要点：在构思配饰产品时，对空间尺寸要把握准确，为其他工作打下基础。

■ Step 2 文化风格研究

从文化风格关键词入手，通过网络，大范围搜集资料，如历史背景、视觉图片、影音资料等。

工具：互联网、书籍

要点：收集多感官信息，了解得越多就有越丰富的灵感来源。研究做得越足，之后的工作也越清晰顺畅。

■ Step 3 生活方式探讨

工具：平面图

流程：

1、思考生活方式，以及Step2中研究过的风格、背景、文化中是否有特色生活方式可纳入进来。

2、规划空间流线（生活动线）。

要点：空间流线是平面布局（家具摆放）的关键

■ Step 4 色彩元素探讨

工具：选定的灵感来源图片、配色工具网站

流程：

1、详细观察了解硬装现场的色彩关系及色调。

2、通过选定的灵感来源图片和配色工具网站来确定软装配饰的色调和色彩搭配。

实例：访问图片抓取配色网站 www.topve.com/color/imgcolor/ 或者 www.peise.net/tools/images/

上传 Step2 中一张喜欢的灵感来源图片，网站自动生成配色方案。

理论上讲，整体方案的色彩设计要有一个大方向：浅暖、深暖、浅冷、深冷。把握三个大的色彩关系：背景色、主体色、点缀色及其之间的比例关系。这些都能通过最新的配色工具网站来快速获得结果，网站会自动分析图片的色调和色彩比例关系。这也是设计师专业工具与时俱进的地方。

要点：在确定色彩的关系时，要使其整体协调统一而又稍有变化。

我们根据该图自动生成的推荐色彩搭配方案为：

#455375　　#6B7F9C　　#853C29　　#958973　　#E8DCB0

■ Step 5 初步构思（定位方案）

工具：淘宝或产品网站、意向软装配饰的图片、可拼贴图片的软件

流程：

1、综合以上 4 个环节进行对平面草图的初步布局，把拍照元素进行归纳分析。

2、依照 Step2、Step3、Step4 的结果，初步选择配饰产品（家具、布艺、灯饰、饰品、画品、花品、日用品等）。

3、拼贴是一种专业设计师经常会用到的设计方法，便于更直观和全面的做出设计决策。把选择的配饰产品图片用拼贴软件拼合在一张图上，来进行推敲和筛选。

要点：颜色材质符合之前的几个步骤的结论，这样才能做到协调统一。 此外，产品选择要符合预算。

■ Step 6 二次空间测量

工具：初步构思方案、初步选择的配饰产品尺寸、平面图、尺、 笔、相机

流程：

1、设计师带着基本的构思框架到现场。

2、反复考量，对细部进行纠正。

3、产品尺寸核实，尤其是家具，要从长宽高全面核实。

4、反复感受现场的合理性。

要点：本环节是配饰方案的实操关键环节。

■ Step 7 方案初定

流程：

1、平面设计方案应包括：原始结构图（各电路开关、暖气、地面铺设等硬装各结构）、平面功能布局（应注意模型尺寸与实际家具的尺寸，以免因设计误差造成购买的家具不合适）。

2、墙面处理。

3、功能性元素包括：定制家具，如衣帽间、储物间等；家具，注意尺寸、家具与墙壁之间空隙的关系；卫浴；布艺，如窗帘、床品样式及风格设计；灯具，如顶灯、射灯、落地灯、台灯等光源设计；餐具；镜子。

4、装饰性元素包括：装饰画、香氛、工艺品、装饰花艺。

以上内容会在后面章节有详细参考。

■ Step 8 核算初步预算

根据初步方案核算预算，部分内容可根据实际情况增加或删减。

要点：按照配饰设计流程进行方案制作，注意配饰产品的比重关系，一般来说家具占比 60%，布艺 20%，其他均分 20%，当然会依照风格有所不同。

■ Step 9 方案确定

根据初定方案和预算核算确定最后方案，制作内容列表，内容同 Step7。

■ Step 10 采购

这里提供专业标准化作业参考，实际可调整。

15 个工作日（含定制家具），30 工作日（含定制家具）

家具：注意尺寸以及家具之间与空隙的关系，家具摆进房间后的空间大小，外地采购需要注意时间、价格、款式、托运、定做等问题（路程及选择 2 天、定做 15 天、托运 5 天）；

定制家具：衣帽间储物间等工期及安装日期，可与硬装结合进行，注意门套、踢脚线安装协调问题，尺寸问题（工期 15 天）；

窗帘、床品采购（工期 10 天）；

墙面处理；

灯具：顶灯、射灯、落地灯、台灯采购；

画定做、采购；

地毯采购；

花及植物采购；

香氛采购；

装饰品采购。

■ Step 11 安装

这里提供专业标准化作业参考，实际可调整。

共需 3~5 个工作日，第 3 天补货及效果调整，最终留 7 天进行最终效果调整。

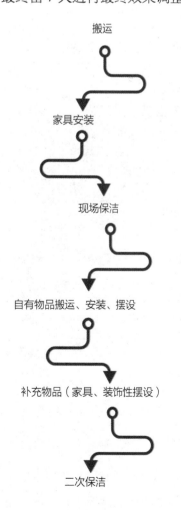

搬运

家具安装

现场保洁

自有物品搬运、安装、摆设

补充物品（家具、装饰性摆设）

二次保洁

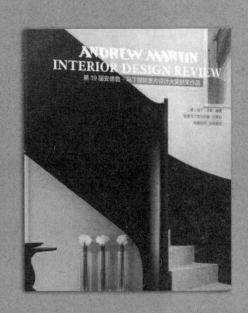

ANDREW MARTIN
INTERIOR DESIGN REVIEW
第19届安德鲁·马丁国际室内设计大奖获奖作品

一本书教你学会借用
"当地资源"做迷人的软装风格

3

最具吸引力的民宿
风格
STYLE

——《室内设计奥斯卡奖：第19届安德鲁·马丁国际室内设计大奖获奖作品》解读

■ 本章解读第 19 届获奖作品中室内的运用。通过这些作品，了解国际大奖获得者们如何将"在地资源"变成软装元素，做软装。

■ 安德鲁·马丁奖是室内设计界的风向标。这个国际奖项收录了国际上众多名家的设计案例，在艺术性、生活性上都具有很高的水平，当然也极具权威性。

■ 安德鲁·马丁奖被美国《时代周刊》《星期日泰晤士报》等主流媒体推举为室内设计行业的"奥斯卡"。安德鲁·马丁国际室内设计大奖由英国著名家居品牌安德鲁·马丁设立，迄今已成功举办 20 届。

■ 作为国际上专门针对室内设计和陈设艺术最具水平的奖项，每届都会邀请室内设计大师以及欧美社会精英人士担任大赛评委。

■ 他们中有建筑师、服装设计师、艺术家和时尚媒体主编，也有商业巨子、银行家、皇室成员、好莱坞明星等。因此，每一个获奖作品都经得起来自各界挑剔甄选的眼光。

▮▮▮ 01 草原风格

旷野中的温暖，
澳大利亚广袤草原上的住宅

　　金属的吊灯，棉毛质的纺织品，斑驳的农具，旧木的桌子，原住民纹样的挂画和靠垫，袋鼠、奶牛等澳大利亚独特的动物玩偶、装置、器皿……好一处温暖草原风格的住宅，没有矫揉造作的设计，澳大利亚草原的放松、热情、丰饶和原生态酣畅淋漓地铺散开来。

▲ 本页图在图书中的位置：第19届-第27页

▲ 本页图在图书中的位置：第 19 届 -第 26 页

本页两图在图书中的位置：第 19 届 - 第 42 页

02 地中海风格

　　幕布一般的洁净搭配大海
的瞬息万变，以不变应万变。
用通身的洁白诉说蓝色大海的
传说，木色、牛皮色或黑色的
物品点缀其中。清新的色彩，
仿佛偶像剧般的浪漫邂逅。

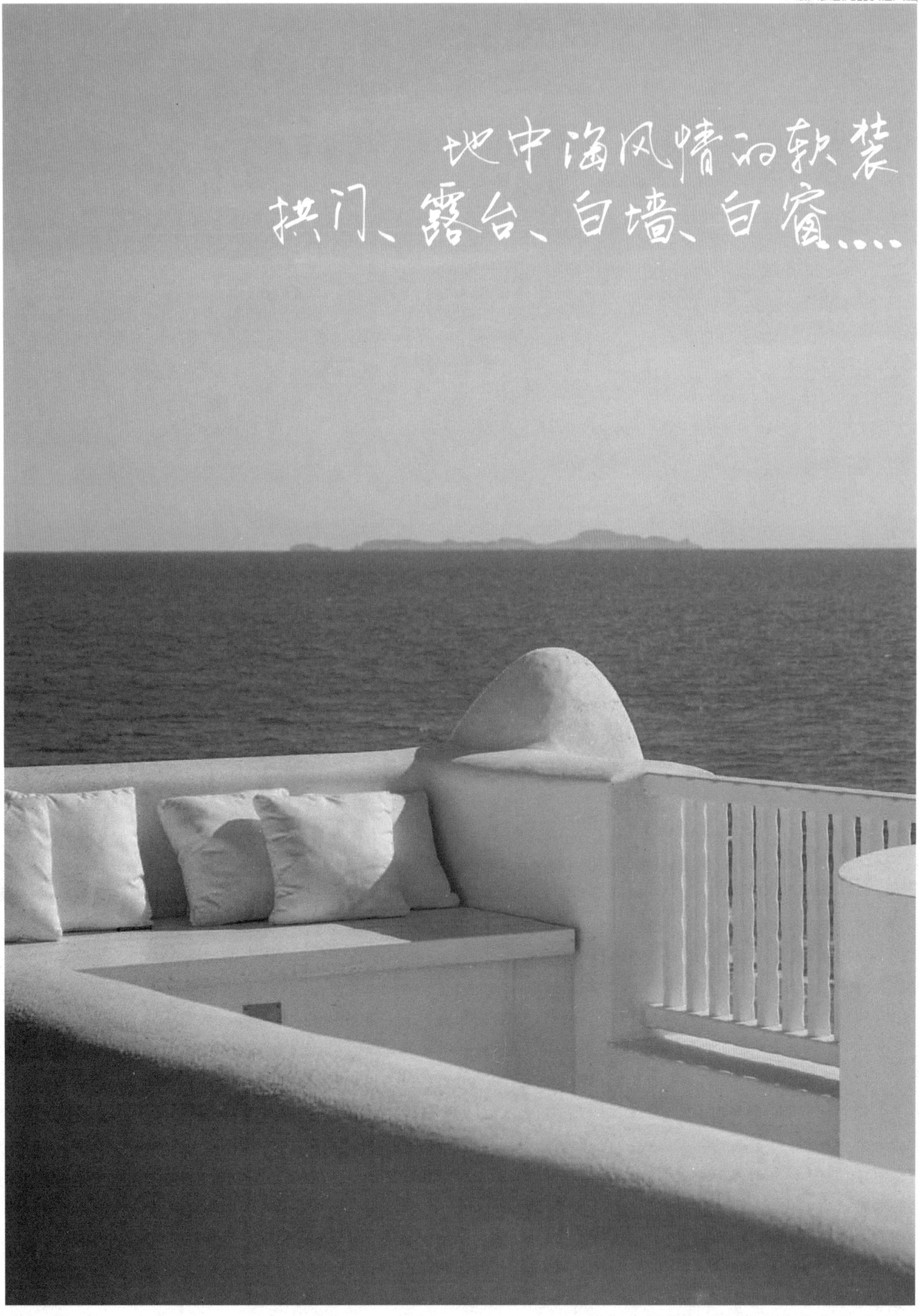
地中海风情的软装
拱门、露台、白墙、白窗……

本页图在图书中的位置：第 19 届 - 第 43 页

||03 历史风格

人文的雕塑和绘画
经久不衰的软装物品

　　每个地方都有专属于自己的文化印记，宗教、人文方面的雕塑和绘画也丰富多彩。诉说着历史故事的装饰品，或绘制，或雕塑，或平面或立体，或庄重或浓烈，空间的与众不同顺势而来。色彩浓郁的中国式屏风描绘着古时的生活场景，朱红的屏风与西式的摆件相配合，在暖色调的空间中毫无违和感。

▲ 本页图在图书中的位置：第 19 届 - 第 91 页

||**04** 高寒风格

梦回阿尔卑斯山

正燃烧着木料的真火壁炉，长长的羊毛地毯，原木的家具，皮革和精致的金属器皿，墙上质朴的农具，厚厚的窗帘布艺，色彩明亮的花草……童话般的山居生活，恍若来到了阿尔卑斯山上的木房子，完美诠释着高寒软装风格。

▲ 本页图在图书中的位置：第 19 届 - 第 97 页

▍05 青旅风格

充满活力的青旅般住所

三层的小床，铁质的支架与木头相结合，满墙的贴画、精致的球台、藤编的吊椅，年轻的活力和青春在这里汇合，一路旅行，稍作歇息。看见世界，贴近彼此，感受生活，生活有时就是这么简单。

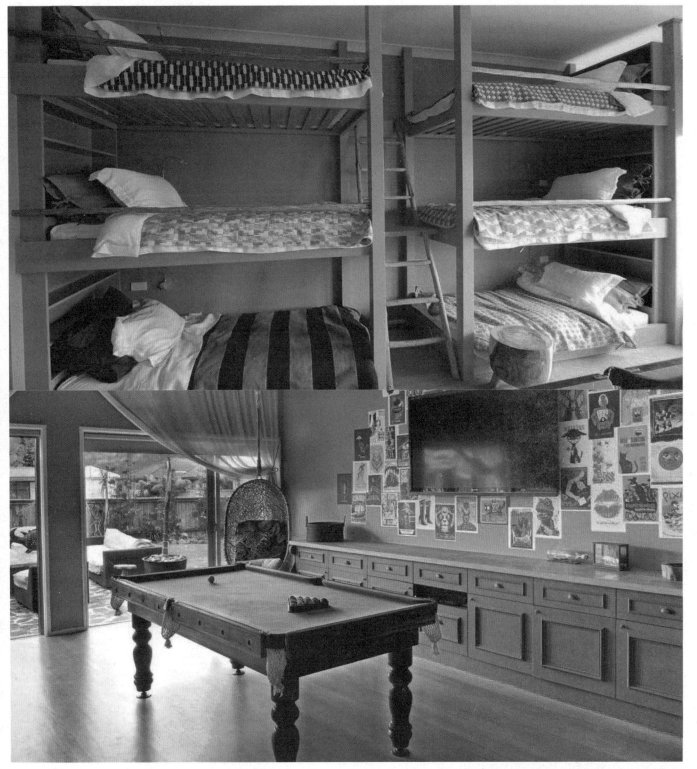

▲ 本页图在图书中的位置：第19届－第139页

‖‖06 古朴风格

 本页图在图书中的位置：第 19 届 –第 245 页

爱琴海的海岛生活
特色软装让古老石砌房屋重生

　　用朴拙的装饰打造独具特色的住宅。想要有一个独具特色的房子，不妨

考虑一下砖石、木板，取材自然，质感自然，配上暖色调的沙发地毯，历史

的厚重和家的温馨感在空间中碰撞出新的韵味。

▌07 梦幻风格

如诗如画的梦幻软装

　　蝴蝶、飞鸟在白色墙壁上翩跹起舞，如时光变迁，从这面的墙壁飞向另

一面的窗口。淡雅素净的色调和特殊质地的墙面在光线的衬托下梦幻迷人。

绸制的面料微微反射着阳光，细节处的选择让空间更显精致。

▌▌08 东方风格

雕梁画栋的中国北京四合院
承载了传统精髓也容纳了现代时尚

　　水晶的荷花灯，古香古色的传统纹样，充满现代感的落地玻璃窗、木材和灯光的完美配合，营造出韵味十足又没有脱离现代生活的庭院。四方院四方天，古今结合打造不一样的软装体验。

▌09 乡村风格

木结构的小屋，
满满的隐居田园风味

　　屋外种植着瓜果，屋内却别有洞天，木制的房梁、顶棚墙壁，舒适厚软的沙发，简化的线条、自然的材质，自然舒适。花卉和布艺在空间中成为主要的运用元素，繁复植物纹样的窗帘和地毯在空间中互衬，点点的绿色植物更是将乡村风情展示得淋漓尽致。

∧ 本页图在图书中的位置：第 19 届 - 第 433 页

一本书教你学会借用
"民族艺术"做迷人的软装风格

4

民族艺术篇

——风格选择及巧用当地资源打造民宿产品范例

NATION

■ "民宿"本指具有当地特色的家庭招待场所，意在让人体验当地风土人情，欣赏独特的民族文化艺术。在特定的地区条件下，具有民族风情的民宿就应运而生。

■ 无论是在原有的古民居的基础上修缮，还是将民宿建于脱离了喧嚣的世外桃源，都可以完美地将本土的人文精神和自然景观、古朴建筑和现代生活相融合。

■ 这里列举出的两例民宿已经不仅仅是将民族风格作为主题，它们已经涵纳了民族艺术的灵魂，玉矶岛上的太阳宫和古徽州的绣楼皆是艺术品，"偶然间来了，便不想走了"。

01 杨丽萍的太阳宫

📍 中国，云南，大理

设计师：赵青
文/编辑：高红 苑圆

住在彩云之南

岸边、礁石，
精琢石料和活氧植被的交融，
形成光线、空气、视野交织的艺术空间。
铅华洗净，
返璞归真，
时时处处感受到空灵的艺术境界。

⋀ 依岛而建，与礁石树木融为一体，犹如掩映在繁花绿叶之中的精灵

四周绿树舒展，坐在树荫下焚香品茗

大树下，湖面泛起阵阵涟漪，美不胜收

　　双廊是一个奇特的地方。玉矶岛上这栋遍地鲜花的房子，美艳而神秘。杨丽萍艺术酒店，亦为知名舞蹈艺术家杨丽萍老师的私宅太阳宫。

　　酒店地处云南省大理市双廊镇核心区域玉矶岛。如果说双廊人满为患、熙来人往，太阳宫则是另一番景象。杨丽萍艺术酒店坐拥大理洱海的最佳风水一线，坐北朝南可观无垠海景，太阳宫亦位于玉矶岛门票景区内（住客免票），安静私密。

　　远眺太阳宫，仿佛是从小岛的山石里长出来的。从玉矶岛往里走，遥望小小的岛，走起来竟是一个曲折回环的村落，大青树下休憩的老人孩子，无限悠闲。老人抽着烟斗，孩子放在小竹箩里，漆黑的眼仁通透得难以形容；卖烧烤的小摊围着三三两两的游客，还有卖花红果的大娘，青色头帕与红果都是拍不够的风景。

　　隔海一米的太阳宫，缘一株百年大青树而建，远远望去，玉矶岛无限依恋地一直深入洱海海心。小岛最前端，一道巨大的弧形月亮门像小桥，像虹影，轻轻搭落在小岛边缘，看起来像太阳宫的正门，事实上是一个露天阳台。大青树下，临着海昕风，舒适宜人。四周绿树舒展，婀娜的身形正好与整个建筑外方内圆的几何线条相映成趣，绿色枝叶的柔软偏巧和灰色钢筋水泥的坚硬形成强烈对比。一个生动细腻，一个平板简约，至柔至刚，互相映衬，相生相济之间，给人无限哲思和美的享受。

⋀ 特色染布做的隔断，纯粹自然的风格，房间呈现出返璞归真又充满浓郁云南民族特色的布置

　　太阳宫被誉为一件艺术品，通过海岸礁石、精琢石料与活氧植被的交融，形成光线、空气、视野交织错落的建筑艺术空间。酒店本身具备的景观，和海景相得益彰，形成独特的海景住宅体验。房间内的民族房设相互统一又完全独立。玉矶岛的岩石"闯"进了室内，藤蔓悄悄地爬上了石壁。顺着自然地势而建造的房子，纯粹自然。木板上留下岁月斑驳的痕迹。在烈日的午后静下来，坐在蒲团上，感受来自少数民族的热情与诗意，感受身心与自然融为一体。

︿ 少数民族的手工毯充满了热情似火的颜色，扎染的布艺装饰、壁炉、原木家具充满自然的味道

︿ 在烈日的午后坐下来喝喝茶看看书

︿ 木板上留下岁月斑驳的痕迹。坐在蒲团上，感受自然与洱海融为一体

︿ 玉矶岛的岩石"闯"进了室内，藤蔓悄悄地爬上了石壁

∧ 室内多以明媚艳丽的颜色为主，云南特色的蜡染布所做的电视幕帘轻易成为了空间内的吸睛点

∧ 海底打捞出的旧船木打造成家具，躺在木床上，感受被海浪洗礼过的味道

∧ 木艺躺椅也丝毫不影响远眺窗外美景的兴致，室内超大浴缸更是营造慵懒度假风的绝佳好手

一切艳丽的颜色似乎都能被接受，在空间中碰撞融合，带来独特的视觉感受。紫色的窗帘，绿色的植物，橘黄色的靠枕，红色的桌布，互相搭配毫不突兀

︿ 整个太阳宫的色调都是建立在高饱和度的视觉冲击上，宝蓝色的布艺窗帘与橘黄软枕的搭配更加凸显了民族的风格特点

︿ 玻璃上的景致倒影更有别样美感，充满绿意的枝桠、玻璃后的蓝色窗帘，好像梦境一般

　　杨丽萍艺术酒店拥有七间房，分别为：海景小套房（醉花荫）、海景大套房（碧云深）、海景大套房（清波引）、海景小套房（天净沙）、海景小套房（临江仙）、院景露台小套房（雨霖铃）、院景小套房（暮山溪）。每个房间都有专属的主题与风格，给人以与众不同的体验。

　　整个太阳宫的色调都是建立在高饱和度的视觉冲击上，艳丽的布艺窗帘与橘黄软枕的搭配更加凸显了民族的风格特点。柔软艳丽的布料，和灰色砖石、木头形成对比，一个细腻生动，一个简约硬朗，一柔一刚互相对比，互相衬托，仿佛打开一扇通往舞蹈精灵世界的门。

▲ 原木家具，特色的布艺装饰

　　各种摆设，都呈现出返璞归真和浓郁的民族特色，纷扰的内心顿时化繁为简，铅华洗净，返璞归真，时时处处可以感受到空灵的艺术境界。热烈的红色和冷静的蓝色，在空间中形成强烈的对比，在木与石带来的古朴沉稳的感觉中增添了一丝活泼与时尚，空间中白色纱帘和浴缸又起到了很好的调和作用。

　　阳光透过玻璃折射进来，洱海也在阳光下显得波光粼粼，在床上小憩，享受这片刻的惬意。

∧ 从原住民老墙、海底的旧船木到手工绣品，处处透露
着独特的民族风情

∧ 仿古石纹的器具中呈放着鲜活的小花，整个环境变得禅意十足

　　杨丽萍艺术酒店提倡的管家服务，将现代精品酒店的标准化与人性化巧妙组合，每个房间均独立设置。另外独特的海边下午茶、舒心 SPA、庭院派对等个性化服务，又让太阳宫备受国内艺术家与企业家的青睐。

　　房间很大，空间划分看似随意，却都经过精心布置。粉红色的软椅和紫红的窗帘，在韵味十足的空间中增加了高贵的气息。

∧ 水泥墙面，老式木门做成的床头背景，球形吊灯，复古式的
格局却不呆板，窗格后面的橘色和床上的抱枕相互呼应

　　一尊石刻，一盏香薰，入室的山石，一段静好的时光，就这么流淌开来。
　　典雅深沉的色调以一抹亮红色作为点睛之笔，布艺的颜色和质感都为空
间带来了些许神秘的气息。青砖石块铺成的地面和墙面，开放式金属楼梯，
现代和复古的融合，地方文化带来与众不同的沉浸式体验。

02 南薰绣楼民宿

坐标：中国，安徽，黄山

设计师：宫瑞华
文 / 编辑：于洋洋　苑圆

住进古徽州的绣楼

青青润润的石板路，斑斑驳驳的古民居。

谜一样的古村落，谜一样的天空，谜一样的山野：

雾漫雨飘，是烟雨水墨；

朝晖夕霞，是浓墨重彩；

入夜，或皓月当空，或星汉灿烂，更有蛙唱虫吟……

∧ 石门上淡淡的苔藓，轻描时光漫长的流逝痕迹。阳光洒在墙上的绿树红花间，风吹来，泛起点点银光，一片生机盎然

南薰别墅建于清末民初。大门正对风光秀丽的南屏山，沐南风而薰然，因名之"南薰"。正厅明三间，宽敞明亮，木雕砖雕石雕精美。南薰别墅的绣楼，在徽派建筑中独具特色，融入西洋建筑元素，堪称中西合璧之典范。落地莲花门窗，配以德国彩色玻璃，美轮美奂，是现存徽派建筑中同类建筑式样难得一见的精品。

古建筑的改造，保留了百余年前建屋时的全套家具，石案、石缸模拟当时的陈设，使之成为经典的徽州民居微博物馆。

Λ 古色古香的中堂大厅，墙面上挂满名人字画，让你穿梭回百年前，接受文化的洗礼

Λ 走廊处的棉花完好融于这幅古韵十足的场景中

▲ 民国时期的家具韵味十足

▲ 木窗和木桌椅带来浓厚的民国氛围

▲ 墙上的木制画框里装裱的旧画报，藤编的灯罩、座椅和青砖相辅相成。

　　南薰别墅的第一代房主是一位医生，早年在上海求学，与胡适、蔡元培、袁克文是朋友。胡适先生曾给南薰别墅题过对联，但已散失。但南屏村还有老人记得对联的内容："从来多古意，可以赋新诗。"这里当年也是文人雅集的地方。南院有一圆门，门楣上用隶书题有"留月"二字，落款是"西神"。这个落款让人浮想联翩：一定是当年深受传统文化熏陶的知识分子，以兰为名，为自己取了"西神"这样一个飘逸清雅的笔名吧。

　　南薰别墅第一代房主还是民国农林部次长孙洪芬的女婿。孙洪芬16岁中秀才，后就读于芝加哥大学、宾夕法尼亚大学，曾为纽约中国工程学会董事、国立南京高等师范学校及国立东南大学理科主任、国立中央大学理学院院长、中华化学工业会总干事兼上海大同大学有机化学教授、中华教育文化基金董事会秘书长、中央科学研究院委员等。孙洪芬还任国民政府农林部顾问、常务次长等职，并在中央大学兼课。据说，孙家女儿嫁到南薰别墅时，从上海带来了西洋式红木衣柜、法国铁床和柚木沙发。

随处可见宫先生收藏的精美的艺术品，镂空的木质隔断，在这里品下午茶可谓人生一大幸事。观景台处眺望美景，品茶下棋，读书休憩。绣楼的室内保留了传统的天井设计，不仅具有通风、排水、换气、取光的功能，而且又可观蓝天白云，阴晴雨雪，如同身处自然之中。

这里是适合回忆岁月的好地方：青石板路，古民居处处是岁月的痕迹。朝晖夕霞，阴晴雾雨，白雪素墙……四时皆美。偶闻村人俚语鸡啼犬吠，看炊烟袅袅浮起……客来满酌清尊酒，感兴平吟才子诗。清晨漫步天井，沐浴朝阳，赏花观云；晚上眠于绣楼，月光满屋，树影婆娑。

∧ 透过古色古香的雕窗花，压枝的白雪，泛黄的纸灯笼，原来冬已至

∧ 阳光照进这古香古色的建筑，窗外的景致如诗如画

⋀ 绣楼的室内保留了传统的天井设计，不仅具有通风、排水、换气、取光的功能，而且又可观蓝天白云，阴晴雨雪，如同身处自然之中

⋀ 暖黄色的灯光透过琉璃灯罩把这一方小角落打造得暖意十足，营造出浪漫静谧的氛围

⋀ 夜幕下，一盏盏灯笼点亮绣楼，等待着那些风尘仆仆的客人

⋀ 白墙青瓦，古韵悠然，平静而温暖的民宿，时光在这里走得好慢

将民宿隐于山野间，
打造与自然同呼吸的空间。

5

自然共生篇

——风格选择及巧用当地资源打造民宿产品范例

NATURE

■ 当今城市的快节奏生活让大多数人都觉得疲惫不堪，而自然世界永远是人们心中的一块净土。将民宿隐身于自然中就是希望能够寻得一种最为本真的生活方式，这种纯粹而原始的自然环境让设计和艺术更能从容呈现。

■ 这里我们挑选了两例"隐身"于自然中的民宿，它们充分诠释了现代设计和自然环境的融合，利用人对大自然的那种天然归属感，将自然主义的风格和本色的材质运用于室内设计中，完美打造出一处会呼吸的空间，令人放松，静享与大自然的融合。

▌▌ 01 那厢酒店

坐标：中国，福建，厦门

建筑 / 景观设计：C+ Architects 建筑设计事务所 那宅设计工作室
室内设计：宽品设计顾问
摄影：许晓东
文 / 编辑：高红 苑圆

隐于山野间

高差使散落在场地里的各个单体形成立体的小聚落，
每个单体都能够与自然完全接触。
路径将各个离散的单体连接起来，隐于山林之中，远与大海相伴。
建筑是"消隐的容器"存在，
让住客体验自然。

△ 那厢酒店建造在一片相思树、松林与天然巨石之间，清幽静谧，是一处适合慢呼吸的隐市桃源

∧ 竹子围成的装饰墙，山中的岩石，原生态资源的合理利用，呈现出最自然和舒服的状态

山林间的观海之境

那厢酒店位于厦门环岛南路一侧的半山林间，直面壮阔的台湾海峡，毗邻厦门最负盛名的环岛路景观沙滩，距人气十足的曾厝垵文化村仅十分钟车程。建造在一片相思树、松林与天然巨石之间的那厢，清幽静谧，是一处适合慢呼吸的隐市桃源。

隐居型度假环境

那厢酒店是"那宅"的系列品牌之一，仅有12间客房。绝大多数房间都是独立单体，自带入口和庭院，保证了居者安静的私密空间体验。通过客房的窗户，人们随时能欣赏壮阔的大海和葱郁的森林。

∧ "曲径通幽处，禅房花木深。"在这花丛树林深处不是禅房，而是让人眼前一亮的民宿——那厢

△ 木色和深灰色立面的对比，设计与艺术共创空间，环境的纯粹与自然，让设计与艺术在那厢得以从容呈现，简单质朴与自然完美融合。暴露在外的建筑立面被涂上深灰色，让建筑能够隐于山林的树影中而不会显得突兀，与内部温暖的木色形成鲜明对比。收敛与质朴的格调贯穿在整个空间设计之中，并一直延展到家具与陈设的细节

"弱设计"

自然与设计的关系源于把握分寸而带来的与环境的共生。那厢酒店希望创造一个能够让人感受自然的适宜场所。那厢的客房分为两种：一种是改造原来山地中已有的空间，包括现存集装箱的改造；另一种是把集装箱改造后置入山地中。这使得有些客房中的山石嵌入了墙体，窗外的树木一起将风景带进房间。对集装箱进行改造和安放，最低程度影响环境。通过适度的整理来寻求保持一种原始的状态，尽可能减少在场地中置入过多的人工元素，尽可能消隐设计的痕迹。

︿ 配合环境、尊重环境，设计完美处理了与自然的关系，营造温馨的
空间氛围

︿ 尊重自然的设计，山体嵌入房间，也把自然带入房间

　　木色和深灰色立面的对比，设计与艺术共创空间，环境的纯粹与自然，
让设计与艺术在那厢得以从容呈现，简单质朴与自然完美融合。暴露在外的
建筑立面被涂上深灰色，让建筑能够隐于山林的树影中而不会显得突兀，与
内部温暖的木色形成鲜明对比。收敛与质朴的格调贯穿在整个空间设计之中，
并一直延展到家具与陈设的细节。

︿ 设计为桥，沟通自然与家的对话，朴质内敛的格调，让那厢的自然气息淋漓散发，这也是设
计师"慢生活"隐世美学的传达

△ 静心听林间风吟、潺潺泉唱、阵阵鸟语……

　　环境的纯粹与自然，让设计与艺术在那厢得以从容呈现。静观山海树木，体味微风拂面。隐居在背靠青山，花草为邻的景致中，在任何时候都能望到海天相接的波澜壮阔，风云变幻坐看云卷云舒。那厢同一些优秀设计师、艺术家合作，是一处创造、展示、交流、体验的复合型众创空间。同时也会不定期地举办画展、摄影展和设计师沙龙，让来客在自然环境中放松和思考。

△ 极简主义风格，没有多余的色彩，原木色家具、深色布艺沙发，配合柔和灯色，让人本能地放下负重

△ 静观山海树木，体味微风拂面。隐居在背靠青山，花草为邻的景致中，在任何时候都能望到海天相接的波澜壮阔，风云变幻坐看云卷云舒

02 安之若宿民宿

📍 坐标：中国，云南，腾冲

设计师：魏来 子媛
文 / 编辑：于洋洋 苑圆

与白鹭做邻居

从房中眺望湿地，

待稻穗金黄，

看远山如黛，

看田中金黄，

看白房青瓦。

站在这里，仿佛与自然融为一体，

隐蔽、安静，与白鹭为邻，与自然对话，

举目望去，天地都在你的心中。

心若向暖，安之若素。

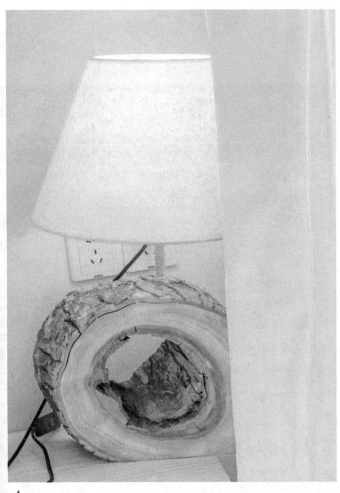

木质边角料制成灯具，设计师以巧思变废为宝，既环保也为空间增添别样的韵味

设计师魏来和子媛想要一个有大狗有大院的大房子，于是乎第一家安之若宿就出现了。子媛本身喜欢走出去体验民风民俗，他们选择在腾冲做安之若宿有两个原因，一是因为情感，这里是他们俩相遇的地方；二是看准了这里的市场，客流量很大。腾冲这家安之若宿很快便收获了不小的知名度和不少的赞誉，也曾获中国最佳设计酒店"最佳精品民宿"奖项。

白的墙，白的沙发，白的床单，点缀绿的植物，橘的抱枕，干净整洁中又有一丝生机活力。于阳台小坐半晌，伴着夕阳余晖，远处山河美景，宁静美妙。木制梳妆台上摆放着的小陶罐，放上几支花，小小的一处角落也能感觉到舒心，远离尘世的喧嚣。自然的木材作为搭建空间的主体为室内空间自然风格的体现起到了极大的作用，坐在茶台旁品茗，与白鹭为邻，一切都完美融合。空间环境在设计之初就希望能达到一种人归属于自然的状态，因此空间内没有设置过多花哨的装饰，尽可能减少一切不必要的装饰。可以席地而坐的编织草垫让人真切感觉到"人生于自然的同时又依附于自然"的生活美学。室内的装饰物多由自然材质制作而成，陶器生于泥土，本身就归属于自然。

木制梳妆台上摆放着的小陶罐，放上几支花，小小的一处角落也能感觉到舒心，远离尘世的喧嚣

△ 看遍世间落寞繁华，才知心安为家。房间里柔软的床，温暖的灯光，器皿俱全的茶台，木制的家具，营造的是家的感觉

一间屋，六尺地，虽无庄严，却也精致。看遍世间落寞繁华，才知心安为家。房间里柔软的床，温暖的灯光，器皿俱全的茶台，木制的家具，营造出家的感觉。木质茶几配以极具民族特色枕头，在此小憩品茶，或于暖炉上来一次烧烤，享受美食的同时，也可静享窗外田野风光。草席做成的棚顶，挂着藤条编织的灯具，这里处处透着自然宁静的味道。坐于露台，夕阳未落，暮色中的腾冲，别样美丽。开放式厨房，可以在这里享受烹饪的乐趣。木质的悬空踏梯、陶罐里的绿植、池水中的游鱼、镶嵌射灯的横梁，人与植物、动物共处一室，更显生机更有家意。

⋀ 自然的木材作为搭建空间的主体，为室内空间自然风格的体现起到了极大的作用，坐在茶台旁品茗，与白鹭为邻，一切都完美融合

⋀ 空间环境在设计之初就希望能达到一种人归属于自然的状态，因此空间内没有设置过多花哨的装饰，尽可能减少一切不必要的装饰

⋀ 可以席地而坐的编织草垫让人真切感觉到"人生于自然的同时又依附于自然"的生活美学

⋀ 室内的装饰物也多由自然材质制作而成，陶器生于泥土，本身就归属于自然

▲ 木质茶几配以极具民族特色的枕头，在此小憩品茶，或于暖炉上来一次烧烤，享受美食的同时，也可静享窗外田野风光

自助式服务是腾冲安之若宿的主打特色。厨房供给着当天从荷塘里挖来的藕、网来的鱼以及田里采摘的新鲜时蔬等等，人们可以亲自体验到用最新鲜食材下厨的趣味。公共露台的酒水是免费自助的。晚上围炉而坐，大家一起品酒烧烤、闲话家常。每个季度的捐赠行为更是腾冲安之若宿的暖心之举。在这里，第个季度都会安排为腾冲的贫困山区小学进行物资捐助的活动。当然，如果前来的旅客也愿奉献一点爱心的话，子媛与魏来也是十分感激的。

▲ 对于室内天花板，设计师仿照农家的淳朴编织技艺，完美再现了淳朴与现代的风格融合

△ 草席做成的棚顶，挂着藤条编织的灯具，这里处处透着专属的味道。坐于露台，夕阳未落，暮色中的腾冲，别样美丽

△ 开放式厨房，可以在这里享受烹饪的乐趣。木质的悬空踏梯、陶罐里的绿植、池水中的游鱼、镶嵌射灯的横梁，人与植物、动物共处一室，更显生机更有家意

6

本土材料篇

——风格选择及巧用当地资源打造民宿产品范例

NATIVE MATERIAL

■ 在科技高速发展的时代，繁华外表掩盖下，能源过度被消耗的问题日益严重。由此，低消耗的生活逐渐为人们所重视。

■ 这个主题所选的民宿酒店都是本着"人是自然的一部分并依附于自然"的设计理念，室内设计及建筑大部分都选用木材、编织棕榈叶、竹子、灌木丛等天然材质进行搭建。

■ 在空间设计的细节中处处融合当地的人文情怀及民宿特色，利用低耗材质加上精巧出彩的室内软装，营造出了一个环保、自然、符合现代日常生活并具有美感的生态空间。

01 智利的 Ritoque 木屋酒店

坐标：智利，瓦尔帕莱索

设计师：Alejandro Soffia Gabriel Rudolphy
摄影：Alejandro Soffia Pablo Casals-Aguirre
文 / 编辑：高红 苑圆

住在木屋里

除去繁华和浮躁，
在木房子里呼吸来自树林深处的味道，
理想的生活空间便是如此了吧。

△ 伴随着远处海浪的声音，于木屋内小坐，此刻便是最放松的惬意时刻

▲ 连在一起的木造旅馆

▲ 周围环境秀美

　　智利瓦尔帕莱索被誉为"太平洋珍珠"，因气候宜人，风景秀丽，吸引不少游客到此旅游。Hostal Ritoque 位于智利立法首都瓦尔帕莱索北端的金特罗海滨区。屋主希望设计师 Alejandro Soffia、Gabriel Rudolphy 在有限的预算内，打造出一个简单舒适且机能完善的低成本旅馆。于是 Alejandro Soffia 便与当地的建材公司合作，使用成本不高的松木作为主要建材，完成了五栋并联式木造旅馆。旅馆内部装潢简单但充满温馨感，是一处令人舒适愉悦的旅居空间。

　　Hostal Ritoque 的主建筑设计师 Alejandro Soffia、Gabriel Rudolphy 表示，在世俗的认定中，建筑是由昂贵奢华的建材所建构出的有价结构。而对一个建筑师来说，如何从外观与内装并重的视角打造出一个优质的居住环境，更需要我们花心思去设计。好的建筑设计并不一定需要那么高不可攀的造价，低廉而实用的建材也能打造出一栋符合日常功能的理想生活空间。Hostal Ritoque 就是在这样的想法下诞生的作品。

△ 手工篮子被改造成颇具特色的灯罩，蓝色布艺座椅在原木色的空间中带来了一丝异域风情

◁ 面向大海的落地玻璃，阳光自由地洒进全木质室内，一面是波澜壮阔的海洋，一面是质朴温馨的旅馆

木桌、木椅、木框玻璃门、木墙、木吊顶，目光所及之处皆是木制品，自然环保，增加房间的质感，给人以放松的感觉；彩色绒球与彩色棉麻布的些许点缀又增加了空间的活力与灵动感；木椅上涂上不同颜色的油漆，成为空间"浓墨重彩"的一笔。

⋀ 自然环保的木屋和木家具

⋀ 纸质吊灯，木质床头柜，屋里的一切摆设都和木屋本身相辅相成。落地的大窗让室外景致一览无余，住在木屋里呼吸着新鲜空气，闭上眼仿佛置身于林中

⋀ 为了调剂空间，设计师采用颜色鲜活的家具来解除视觉上的单调感

⋀ 这里没有其它过多的装饰品，只用智利风情的灯饰点缀着

　　室外的整体木质框架结构，室内桌椅，木质屋顶与木质墙面，形成风格统一的整体。吊灯与小台灯的灵活点缀，更能烘托出浪漫的氛围。透过大玻璃门，远处的葱郁绿树一览无余。黑色与白色床单相互呼应，网线格的黑抱枕安静地等待着，干净朴素的氛围中又透着些趣味感。矗立于海边，建筑被绿色植物所环抱，面朝大海、礁石、沙滩……一切只为"置身自然"的身心体验。

▌▌02 墨西哥的埃斯孔迪多酒店

📍 坐标：墨西哥，埃斯孔迪多港

设计师：Federico Rivera Rio
摄影师：Undine Pröhl
文 / 编辑：于洋洋　苑圆

住在草屋里

墨西哥传统的小屋，
木材、棕榈叶，
热情奔放。
房间内的吊床、日光浴的露台，
让自己放松下来，
享受阳光。

△ 夜幕下灯火通明，黄色的灯光营造出温馨浪漫氛围，水中房屋倒影美轮美奂映入眼帘

⚠ 于吧台下小坐，既可品尝美食，
   也可眺望远方，欣赏美景

埃斯孔迪多酒店位于墨西哥埃斯孔迪多港，16间乡村"小屋"悠闲延伸。这些"小屋"屋顶采用墨西哥传统施工方法，以木材和棕榈叶搭建而成，配搭圆滑多彩的家具、私人游泳池和日光浴、热带木地板、卫生间和抛光混凝土的简约设计，这里不仅只有传统痕迹，更有现代文明。

⚠ 光着脚丫踩在柔软的白沙上，海风微微拂面，白云惬意飘荡，感受大自然赐予的美好

⋀ 倒影在水中的"茅草屋"

⋀ 滨水的木椅，观夕阳西下

⋀ 沙滩、仙人掌，木材和棕榈叶构成的墨西哥传统小屋，一幅自然美丽的画面

⋀ 坐下来稍作休息，于藤椅上感受当地的浓浓风情

　　埃斯孔迪多酒店位于海边，酒店距离埃斯孔迪多港有 20 分钟车程。每间空调洋房均采用典雅的现代装饰。平房内还设有私人浴室。建筑物矗立在水中，与大自然融为一体，古法堆砌的石墙透漏着时光流逝的痕迹。夕阳西下，大地沐浴在余晖与彩霞中，海风徐徐，使人心旷神怡，一片安静祥和。装饰材料和饰品均来自当地，为居住者营造了最好的沉浸式体验。

水面上矗立着木质长廊，游客可在此漫步小憩，吱吱的木板声，别有一番韵味

∧ 较高的悬梁增大了卧室空间，木质屋顶使整个空间凉爽舒适，早晨起来便可透过镂空木质推拉门欣赏外面的海滩风景

∧ 一墙之隔即是两个世界，体验的也是两种不同的生活。在室内可以阅读品书，在室外可以欣赏自然美景，感受海风、沙滩、仙人掌等自然风光

◁ 现代感的白色地板彩绘，北欧风格双人沙发，白色与红色的限量搭配，烘托出简约感

原木色树干围成院落，绿色仙人掌在白色沙滩上茁壮成长，蓝色 ▷
乳胶漆墙与木质地板和谐搭配，增添灵动之美

▌▌03 普拉亚维瓦可持续精品树屋酒店

坐标：墨西哥，格雷罗州，胡鲁初加

设计公司：Deture Culsign Architecture+Interiors
设计师：Kimshasa Baldwin
摄影：Leonardo Palafox The Cubic Studio
文 / 编辑：高红 苑圆

住在树屋里

自然元素在这里随机的组合，
从世俗禁锢中挣脱出来。
看风吹，吹到天空夜幕悄然降临，吹到天空繁星点点。

△ 被竹子包围的椭圆形的平台，在海风中静立在棕榈树树冠之下

∧ 大海、沙滩、棕榈树，被自然环抱，没有多余的装饰物，住在原始风格的竹屋中，面朝大海，期待日升日落

　　墨西哥，一望无垠的沙漠中仙人掌和龙舌兰肆意生长，掩着神秘面纱的玛雅文化中，也有堪称奇迹的金字塔存在。这里处处散发着浓郁的地方风情，令人好奇、神往。在墨西哥格雷罗州胡鲁初加，你可以住在原始风格的竹筒房中，面朝大海，看日升日落，轻松惬意，放松身心。

　　普拉亚维瓦可持续精品酒店树屋套房位于一个 81 万平方米的绿色生态度假村内，共有 12 间客房。漫步于度假村内那 1600 米长的海滩，最引人注目的是一个椭圆形的被竹子包围的平台，在海风中静立在棕榈树树冠之下。这个高处的树屋是一间 65 平米的双层海滨卧室，一处诗意的栖居。

︿ 原汁原味的浸入式隐居体验，自然的元素摆脱了常规的禁锢

　　入夜后的屋内有着和白日里不同的风情，悬挂的帷幔带来浪漫的气息。

点上一个小火盆躺在吊床上，火光荧荧和屋外篝火远远相映着。当夜幕降临

后，点开枝丫制成的灯具，影影绰绰的光影布满竹屋，屋外是棕榈树成林，

屋内有棕榈树穿插而过。由竹子屏风围出的洗漱间，斑驳的阳光透进来，带

来属于这里的原汁原味的感觉。藤编的灯罩、木板搭成的棚顶和地板与石制

的盥洗池增加了多样化的质感，同时也带来了一丝原始的狂野。屋内窗户的

细节，没有现代的金属而是用麻绳和木棒的配合来开关窗户，简洁自然。

　　自然元素在这里随机的组合，

在禁锢中挣脱出来。

看风吹，吹到天空夜幕悄然降临，吹到天空繁星点点。

具有特色风格的建筑带来了别致的美感和趣味，与自然零距离接触，让身心放松

　　高处树屋移除了所有不必要的元素，提供了一个原汁原味的浸入式隐居环境。一个超大的弧形木门恰到好处地跨越到竹子覆盖的卧室。将陈设减到最少也是为了提供一览无余的前后方视野。就地取材的木材构成木屋的地板、天花板及墙壁，它们都是大自然中自然元素的随机组合。为了让客户摆脱特有的禁锢，设计师设计了一个拥有开阔的俯瞰视野的双人地板吊床，用以给客人带来真正的悬挂感。

▲ 由竹子屏风围出的洗漱间，斑驳的阳光透进来，带来属于这里的原汁原味感。藤编的灯罩、木板搭成的棚顶和地板与石制的盥洗池，增加多样化质感的同时，也带来了一丝原始的狂野

▲ 透过帷幔望向蔚蓝大海，在这里迎接清晨的第一缕阳光，三个陶瓷的小动物也被镀上了一层金色

别墅中穿插的棕榈树、黏土瓦屋顶及外露的木横梁为休息室及浴室提供了一个有质感的天花板。在休息室及浴室，当地出产的木材作为台面板，雕刻的石头作为船型水池，手砌的鹅卵石拼出有趣图形的浴室地板。竹子屏风很好地保证了隐私性，但镂空的屋顶又是故意为之，享受沐浴的同时，又可观斗转星移。这样大胆设计其实是设计师浪漫的暖心举动。100%的太阳能供电，真正践行着环保节能的理念。此外，还有包罗万象的瑜伽课程供人们自由选择。可以说，不管是热情洋溢的生态旅行者，还是好奇的探险者，都可以于此找到自己所追求的体验。

▲ 屋内窗户的细节，没有现代的金属而是用麻绳和木棒的配合来开关窗户，简洁自然

屋外棕榈树摇曳，夕阳的余晖穿过缝隙，透过层层纱幔洒在屋内，微风拂面，感受着大自然的温度，说不出的惬意与美好

▌04南昆山十字水生态度假村竹"村"别墅

📍 坐标：中国，广东，惠州

设计公司：广州共生形态工程设计有限公司
设计总监：彭征
文 / 编辑：高红

住在竹屋里

美学，
不仅仅是视觉的，
更体现为一种关怀，
它既包含对人的尊重，
也包含对大自然的敬畏。
共生之美，关于生，也关于死；
关于永恒，也关于瞬间；
关于风景，也关于风景中的他们。

⌂ "清风月影倚竹楼，细雨飘然满香幽。"暮色中的竹屋，竹林半遮，灯火荧荧，人生乐此何所求

⋀ 景观阳台充分利用竹元素，直线所迸发出令人震撼的视觉效果，材质的粗犷中带着一丝古典细腻，坐在这里，品茗观景充满禅意

　　南昆山，八栋竹别墅半隐于山畔溪边、翠绿深处，它们如同竹林中的八位贤士，有幽幽花香、啾啾鸟鸣相伴，可沐温润之汤泉，可观万千之气象，让人们无不感受到它们那种低调内敛的悠然气质和"源于自然，归于自然"的简素之美。竹别墅由广州共生形态工程设计有限公司承接室内设计工作后，设计师彭征在解读大师建筑设计的基础上对原方案进行了地方性的改造，融入了当地的建筑文化与元素，并增加了客家民居式的后院。

　　十字水生态度假村是《美国国家地理杂志》推介的全球五十大生态度假村之一，也是国内生态旅游发展的模范，最大限度地做到生态环保，同时也是高品位的度假胜地。在全球化的今天，被"现代主义"所包围的人们已经淡忘了建筑是作为一种地方性生活方式的存在，也忘记了千百年来祖先曾遵行的"人作为自然的一部分并依存于自然"的生活美学。与此同时，各种豪华酒店度假村的建造，过量浪费能源、制造大量废物，不仅破坏环境，也造成无法挽救的损失。面对这一切，设计师用自己的热忱、努力和责任心开始了一个高端生态度假村的案例。历时四年，待到山野葱翠时，竹别墅终于绽放。

▲ 纯白的手工纱幔，柔软的质感带来悠然飘渺的感觉，又与小窗外飒飒竹林交相辉映。榻上的床品，那是一抹静谧的禅意气息，床头的根雕艺术让客房更显大气

竹别墅的室内外从客家民居建筑中吸取灵感，采用前半部吊脚楼与后半部天井院落相结合的空间布局，干湿分区。前半部为 32 根木桩托起的吊脚楼，包括客房和观景阳台；后半部为天井式温泉区，包括湿区、温泉池和户外平台。温泉区的改造也使得建筑的功能性和艺术性得到了扩展。天井式的温泉区域，抛弃混凝土，以夯土墙作为后院的土墙，传递着与自然共生、与当地共融的设计哲学。浸泡在温泉中，既可洗尽疲惫，又可观宇宙之奥妙。开放的空间与周围的环境融为一体，彩色的靠枕激活了空间中的色彩，远离单调，空间也更有层次感。竹、木材料相互配合，营造出低调内敛的悠然气质和源于自然、归于自然的简素之美。

▲ 室内外的空间一体化设计

∧ 隔断上木制花朵包裹着的镜面，斑驳的大理石纹理，
灵动而又时尚，不失整体空间的质朴感觉

∧ 天井式的温泉区域　∧ 闲坐于客家民居式的后院，看山野葱翠，听鸟鸣啾啾，亲近自然，感受
自然，敬畏自然

工业遗迹是每个城镇抹不去的集体记忆，何不好好利用？！

7

工业遗迹篇

——风格选择及巧用当地资源打造民宿产品范例

INDUSTRIAL SITES

■ 每个城市都有很多大工业的遗迹，这些有着祖辈深深印记的工业风是永远不过时的设计元素。

■ 工业风的室内设计主要以冷静、理性的质感和基础沉稳的色调作为主要元素，复古的设计风格加上不同国家工业文化的内涵与发展是工业遗迹民宿主题的最大亮点。

■ 这里列举的案例分别代表了中西方不同工业文化发展的内涵，选用工业旧址就无疑为民宿加上了一层与众不同的文化基调。无论是博物馆式的美国复古工业风，还是代表着我国工业发展的历史遗迹，都是一种全新的体验。

01 私人工业博物馆延伸成的民宿Callus大连民宿

坐标：中国，辽宁，大连

设计师：陈星
摄影：宫丽影
文 / 编辑：苑圆

住进百年前的"美国"

当你住进Callus大连店，
就等于住进了百年前的美国，
早上一杯醒神的咖啡，
还有可供随意使用的百年工业烤炉等工具。
Callus大连店从起居开始，
为住客提供更深刻的居住体验。

01 私人工业博物馆延伸成的民宿Callus大连民宿

∧ 走进生活的私人工业博物馆

　　大连是一座浪漫的海滨旅游城市。清爽的气候，撩人的海风，美味的海鲜，吸引着无数游人来此避暑。历史的原因使这座城市融入了多国文化，文化上的高包容度与融合度让这座城份外迷人。

　　Callus 大连店避开闹市区，安安静静地藏在海边的居民区内。听说过 Callus 北京复古集合店的人，一定会知道创始人大董从一个老式宝利来相机开始，爱上美国老物件，并把收藏变成事业的传奇故事。

^ 水泥的棚顶和地面配上绿植，增加了空间的活力

　　大董妈妈意识到大董亲手淘来的老物件不该仅仅是用来收藏与展示，更应作为传播美国复古工业文化的载体，把这种文化传递给喜欢的人。大董妈妈用一个三层居民楼，专门存放大董个人收藏。这就是 Callus 大连店最初的雏形——作为私人博物馆，把收藏的东西展示给大家欣赏。这便要求有一个视野大且具有通透性的空间展览厅。于是大董妈妈决定将屋内的非承重墙、围堵、立柱、储藏间全部拆掉，共搬出 600 多袋的瓦砾，将空间面积最大化，成功打造出一个拥有最广视角的展览厅。身边朋友看到这些藏品后总是赞不绝口，时间久了，吸引了更多人慕名来这里欣赏参观。

▲　绿色的座椅，石质的吧台，细节的摆设让人恍惚中像是去到了百年前的美国，惊艳不已

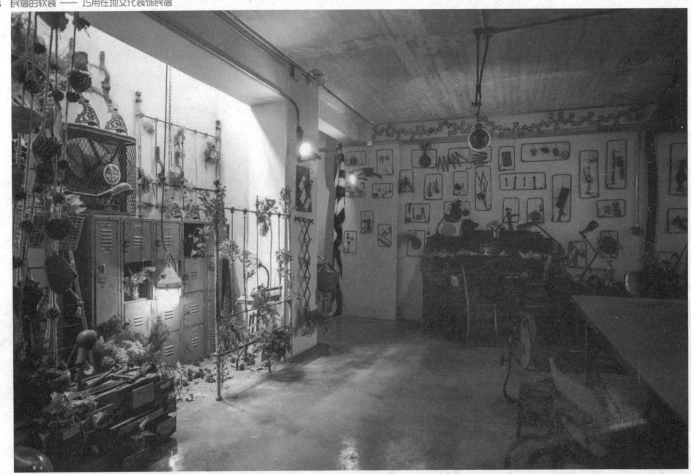

Ʌ 暖色灯光下的花花草草和老物件更有韵味

Ʌ 绿植和插花打破了工业风格的固有冰冷感

Λ 褐色的拼花地板和老物件相互呼应

　　博物馆内有 160 余盏百年历史但仍然全部尚可使用的照明灯，它们分布在馆内各个角落，继续履行着它们的照明使命。96 把座椅分别安放在馆内的不同区域，供大家休息。古旧的整理箱在三层的卧室内作为桌子与收纳工具，继续使用着。一些无法实现原始功能的物件也被赋予了充当隔断的新使命。百年前游轮上的梯子，如今被直立竖起，作为挑高空间的柱子，将二层展厅隔开，分为两部分：一部分用来喝咖啡聊天，另一部分用来聚餐、举行宴会。此外，历经风霜的教堂窗也充当起卧房的窗户的功能，这大概就是对历史最好的传承吧。

　　Callus 大连店从设计到经营，一直致力于关注传递美国复古工业文化，真实还原当时生活状态，使大家能够身临其境，体验历史及不同的生活与文化。

∧ 靠在墙边的古董箱子使空间多
了些许生活气息

∧ 褐色的玻璃花瓶和桌子相得益彰

∧ 老物件堆叠的味道，是现代做
旧工艺永远无法企及的深度

拥有一百多年的历史的 160 余盏灯，被分布于空间的各个角落，继续履行它们的未完的使命

来自上世纪 90 年代的某个教堂窗

楼梯上方悬挂着工业灯

干花和鲜花与工业老件儿相得益彰　≫

　　娇嫩时是生命，脱水后是艺术，花朵干枯后仍在
释放着自己的魅力。墙面上的枝干用麻绳连接在一起，
带来了自然的气息，和桌上绽放的鲜花遥遥相对。

　　裸露的管道和墙上悬挂的老物件，旺盛生长的藤
蔓，冰冷和生命带来的冲击，让空间鲜活了起来。满眼
的清凉有着说不出的舒适感，深浅不一的蓝色布满了整
个空间，充满年代感的灯饰、桌椅，若是在这里睡上一
觉，再醒来会不会以为自己穿越去了工业时代的美国。

　　复古工业风总是让人产生拒人千里的感觉，大董妈妈便选择插花和绿植以及微景观方式来平衡这一份冷硬感。100 余处屋内插花根据场景的不同来安放，刚柔并蓄，相得益彰。在一层的体验区，精致唯美的背景墙，室外庭院内的工业花房，也将这一理念表现得淋漓尽致。

Λ 大董妈妈决定让博物馆走进生活，让人们可以在这里欣赏、参观、拍照、喝咖啡、聊天，宴会，甚至居住。
因此，Callus 大连民宿店是集博物馆性质与生活气息的统一体

∧ 这里每一件摆设都有着属于自己的故事

◁ 一批来自底特律的老剧院椅，见证了多少
人的喜怒哀乐

一个梯子被充分利用了起来,在上面摆上了物品。年代感十足的工作台,悬挂于墙上的工具,带来了浓浓的工业风。经过时间洗礼的物件和绽放着的花朵,老物件虽不再有曾经的光鲜,却也好似有着生命。一台老式的缝纫机,不知是多少人过去的回忆⋯⋯私人博物馆将老物件物尽其用,细微之处见神笔。

02 老船厂蜕变的喜临院精品酒店

📍 坐标：中国，广东，广州

设计师：高宇
文 / 编辑：高红 苑圆

住进老船厂

在空间改造上，老船厂原有的建筑轮廓、工业痕迹和各式老物件都被保留了下来。

喜临院以水为枕，布局设计上坚持"无序中的有序"。

每个空间风格独立，又以最质朴的石头、木头、老砖老瓦还有水作为联系和索引，
构成院落的整体意境。

⌃ 选用橄榄绿为主基调，与周边的天然绿植浑然一体。赤瓦白墙，木板红砖的大面积运用，令整个空间气场温润平和

∧ 民宿的泳池

　　喜临院精品酒店位于广州番禺上漖村珠江畔，由一座具有 30 多年历史的上漖老船厂改造而成。它距离广州珠江新城 CBD 只有 15 分钟车程，却是闹市中的桃源秘境。

　　2013 年盛夏，喜临院的主人与老船厂打了第一次照面。与屋外黏湿躁动的空气不同，这里花草缤纷，果树繁茂，散发着满满的夏日香气。江风清凉，船只往来，景致如画。老船厂成立于 1984 年，见证了广州航运业的黄金时代，2012 年船厂彻底停工荒置。

　　软装上主打工业复古，点缀各国淘回来的小物件，别致细节让空间跳脱而灵动。2016 年秋天，老船厂重获新生，蜕变成喜临院文化度假酒店，这也是广州城中第一家独立设计的精品酒店。

　　酒店以中国 24 节气文化为主题，在空间设计与人文体验上细心着墨，将一张生动的生活美学画卷铺展开来。酒店拥有 25 间客房、无边泳池、水岸沙滩、游艇，以及雪茄吧、天台吧、红酒窖、餐厅和可容纳 300 人的户外活动平台，倡导节气生活美学的诗意回归。最大玻璃房名为"年月"，寓意年岁圆满与季节丰盛。

　　跟随节气生活的古老智慧，感知时光对万物的温柔扶摸，重温人与土地的美好关系。

︿ 以二十四节气命名的客房

︿ 圆桌、木椅、软垫，细节处的讲究透露着服务的周到与贴心。人，才是空间的主角

︿ 硬石的长椅上摆放着颜色各异的靠垫，白墙软枕，在这里小憩倒也是很舒服，坐在团垫上晒晒太阳，享受午后的阳光

︿ 碳化木刷桐油防护，踩在上面会有"噔噔"的声音回响。院里和室内外大量使用木材，质感纯朴，触感温和

△ 90 平方米的"年月"房被绿植果树簇拥，通透却也私密，玻璃棚顶，繁华似锦，绿树成荫

△ 望江听船鸣，慢下来，感受时光的脉脉温情

△ 旧时光的温柔质感与现代极简的艺术设计过渡自然，不谋而合。

△ 春天木棉花开，院子成了火红色

△ 民宿的大堂

△ 由柔软的布艺做装点，搭配皮质沙发，享受现代的同时又很有年代感，复古的灯具和牛皮地毯也显得个性十足

▲ 整个房间由三面的落地窗组合而成，坐拥江景，唯美的纱幔垂在四周，不规整的床头背后的灯带烘托出浪漫的氛围

▲ 原木家具

▲ 静心听着船鸣声，忽而远忽而近，珠江的浪声就在耳畔，树影斑斓一点点揉进眼波里

▲ 斑驳的红砖墙和镜框向人们展示着过去的印记

仿佛江边长出了一座赤瓦白墙的大院落，阳光而湿润，亲切而平和。以二十四节气命名的客房，景致风光一点点映入眼帘。节气仿若自然写给时光的一封情书，字里行间，将天时与大地的朴素诗情轻轻揉进时光的每一方寸。

深浅不一的木质地板与深胡桃木色的家具配上暖色灯带让空间充满了温馨感，稳重的色彩搭配又让人很有安全感，低调的设计中也不乏时尚气息。

住进古建院会是什么感觉，时空穿越？

8

古建遗址篇

——风格选择及巧用当地资源打造民宿产品范例

ANCIENT ARCHITECTURE

■ 文化遗迹总自带神秘光环，这些建筑从辉煌到没落，从过去的现实到而今的历史，留下的是岁月洗礼后的沉淀。

■ 这个主题中列举的古建筑遗迹民宿各有自己的文化底蕴，原始风格的室内设计和装置陈列质朴自然，淡雅中也不缺精彩之处，是放松身心和寻求内心平静的绝佳选择。

▌01玛雅遗址酒店Coqui Coqui Coba Residence

坐标：墨西哥，巴利亚多利德

文/编辑：于洋洋　苑圆

住进"古代"的玛雅

古老的岩石因为岁月的冲洗独具美丽的质感，
住在这里，仿佛穿越时空，被历史的双臂轻轻环抱。
或在台阶上漫步，或在吊床上静静休憩，
聆听温柔的海浪声，微风习习吹过棕榈树……

◁ 浪漫的整体视觉效果和浓郁的当地文化，被深深地植入了这里

科巴，一个著名的城市遗迹，它是墨西哥尤卡坦半岛上的一个玛雅文明的城市遗址，位于热带雨林深处。尤卡坦半岛是玛雅人的故乡，这里有雕刻精美生动的神像，用蜂蜜、蛋清和石灰调浆粉刷的纪念碑，以及镌刻着古老象形文字的石头。

玛雅人造的金字塔巧夺天工，他们独特的文化吸引着世界各地的旅游者。半岛由珊瑚和多孔石灰岩构成低矮台地，四周海滩上棕榈摇曳、椰树成林，风光绮丽，还有桃花心木等多种珍贵树木。

Coqui Coqui Coba Residence 酒店是一个遥远而神秘的豪华度假胜地，位于迷人的尤卡坦，临近宁静的湖畔。古老的废墟是对于那些拥有探险家精神的人来而言必须体验的存在。酒店结构的灵感来自传统的玛雅金字塔：绳桥，石灰石塔，通风的现代套房，两旁设有私人露台，还有一个梦幻般的花园及以宁静的室外温泉。

酒店沿用殖民时期的石头垒建建筑，斑驳的墙面散发着质朴的古老气息，夹带着成片椰子林的清香以及热带树林的生机，让人忘却烦忧。

⋀ 迷人的异域风光和石头建筑

器物，家具，均透出朴素的美，

用静谧和寂寥来洗涤物质社会的喧嚣与嘈杂……

⋀ 皮质手提包、小礼帽、窗帘，每一件物品都堪称艺术品

Λ 墙面上的装饰画

Λ 当特色的手工编织物品，别具一番风情

　　帽子、旅行背包、围巾，放在那里，寓意深刻，仿佛在说："民宿本身不就是一个四海为家的传奇故事吗？"除了豪华的套房，您也可以在宁静的庭院中独享自己的私人泳池和免费早餐，还可以独家使用屋顶泳池。此外 Coqui Coqui Coba Residence 酒店还配有自己的水疗中心，帮助人们放松身心。

这是一份调和自然的礼物：各种香水，散发着迷人的魅力 ▷

▌▌▌ 02意大利Eremito Hotelito Del Alma 隐士酒店

坐标：意大利，翁布里亚大区，帕瑞诺

设计师 / 创始人：Marcello Murzilli
摄影师：Roberto Baldassarre
文 / 编辑：于洋洋 苑圆

住进"古代"的
修道院

静思，箴言，休憩……
劳作，采摘，晾晒……
这是一个充满神秘色彩的地方，
作为世界上最受认可的生态酒店之一，
延续着古老的生存方式，
保持着古代修道院的本质。

这是一场净化心灵、身体、精神的神秘之旅……

酒店坐落在一幢 14 世纪的建筑内，内部设有温泉、游泳池及蒸汽室浴池。这家酒店被占地 3000 公顷的名为翁布里亚的私人庄园所围绕，1999 年开业，2012 年装修，共有 14 间房。

Eremito Hotelito Del Alma 隐士酒店的前身是一座有着三千年历史的寺院，位于翁布里亚大区的一个僻静山谷里，距离奥维多市约 50 千米。这里不仅为单身旅客提供着轻松的住宿环境，也为游客提供着不同的瑜伽课程放松身心。当然，于户外露台独享夜景也是不错的选择。

⋀ 古朴悠远的石砌墙建筑，矗立在静谧的山谷中，绿荫环绕，神秘迷人

⋀ 走上这个小坡，来一次神奇的住宿体验，修身养性

⋀ 绿树山石，来这里放松心神，纾解烦恼　　　⋀ 石砌的花坛小路，尽头的石房子便是神秘的古堡　　　⋀ 夜色中的古堡似乎平添了几分神秘气息

Λ 图中人物为 Marcello Murzilli 先生，他是这个酒店的所有者和创始人

没有电话，没有互联网，没有电视和空调，

与世隔绝⋯⋯

∧ 置身四面皆是石头黄土的休息空间中，暖黄色的灯光更显温馨，抛去一切电子产品，在最原始的环境中，内心归于平静

　　这是一个充满神秘色彩的地方，作为世界上最受认可的生态酒店之一，它保持着古代修道院的本质，能让人们远离日常生活的噪声，以期找回内心的平静。铁栅栏作为装饰带来了现代感和神秘感。枝丫状的灯具，虽然没有过多的绿色植物，但那份向上舒展的活力依然可以洞察。

　　夜幕下，暖色灯光笼罩着寺院。古朴的建筑，斑驳的铁艺灯具，神圣而庄严。

⩓ 精美庄严的石制雕塑，小巧蜡烛烘托出神秘色彩

⩓ 墙壁上的点点烛火，好像石壁的后面另有一片天地

∧ 黄色泥墙、古旧的铁艺灯架、白色的棉布装饰，自
　带一种年代感

∧ 石砌地板、石砌壁炉，置身其间，独自一人坐在木质棉麻
　椅子上，感受静谧的时光。破损磨旧的椅子让人体验到时
　光的流逝，燃烧着的白蜡烛、斑驳的灯制品，壁炉里跳动
　的火光弥漫温暖气息

∧ 实木长桌配上棉麻桌单，铁艺蜡烛点亮房间，烘托出古老神秘氛围

　　游客在享受晚餐时要遵守静默不语的规则，
一字排开的餐桌让客人享受静谧晚餐时光。

⚠ 单排道的用餐环境，避免了多余目光的叨扰。当地特色陶瓷餐具，让就餐的时光变得富有艺术

　　这里没有电话，没有互联网，没有电视和空调。完全是一个与世隔绝的场所。这里的晚餐也是与众不同的，游客需要遵守静默不语的规则，一字排开坐于餐桌上，静享无声的美食，真是别样的体验。麻布桌旗上摆放着复古花纹烛台，简朴的装饰让人能静下心来，抛去浮躁。土黄色的陶制餐具透露着原始的味道，石墙、陶土在空间中毫不突兀地融合在一起，复古且自然。

身在城市中的你，有哪些在地
资源能拿来做民宿？！

9

城市艺术酒店篇

——风格选择及巧用当地资源打造民宿产品范例

CITY

■ 住宿功能原本是一个酒店的"全职工作"，但随着时代的发展，酒店也需要"与时俱进"，保持活力。

■ 酒店分划为了不同的主题，室内风格也根据主题变化着软装风格，比如"图书主题"的酒店，让你直接住进"图书馆"里；以"自然节气"为主题的酒店，让你不知不觉体验传统的节气文化。

▌▌ 01 图书主题的麦尖青年艺术酒店

📍 坐标：中国，浙江，杭州

设计公司：唯想国际
设计师、主笔：李想
协同：范晨 陈丹 吴锋 张笑 任丽娇
摄影师：邵峰
文 / 编辑：高红 苑圆

住进"图书馆"？！

步入大堂，

像走进图书馆，

其实就是住在"图书馆"里。

△ 充满文艺气息的酒店门口

吧台前的大狗像是代主人迎接客人的热情管家，而狗狗的牵引绳则化身旅客的排队线

一个城市的旅馆，有时比这个城市的景点还重要。

杭州，一个历史悠久，又极具现代感且个性鲜明的城市。麦尖青年艺术酒店就位于这座既古老又年轻的城市中。

麦尖青年艺术酒店，目标受众锁定为青年人，坐落在杭州滨江区星光大道商圈内。入口并不起眼，需要从商场内部进入，上到 7 楼。来到门前，小巧简白的酒店门口简单写着"麦尖"两字。

设计师在门口设计了一个小回厅，人们在看到酒店名字之后穿绕过回厅才能进入大堂。回厅的端景处，没有传统的条案配艺术品等装饰，而是一面酒店客房所有所需用品的立面展示，全部漆成白色，用玻璃封装而成一个橱窗，玻璃外面用橙黄色大大地写着"hallo"，像是客房里的所有物件齐聚一堂来欢迎即将入住的客人。

设计师以跳棋喻人，一方面在墙上用跳棋装点着一幅世界地图，寓意欢迎世界各地朋友来此一聚。另一方面，用跳棋来代表酒店的服务人员，原创出的跳棋式的凳子，不仅可以便于人们休息，更是一种服务意识的强调。

步入大堂，
像走进图书馆，
其实就是住在"图书馆"里。

◁ 酒店的大堂像书房一样四周摆满了书，白色和玻
璃的折纸隔断把空间略作区分

▲ 通透的玻璃浴室

▲ 墙壁上的挂画是可以移动的，挂画的后面是被隐藏起来的电视

▲ 客房里临窗的画架，是设计师特意为每个客人而备，希望每个人都留下珍贵的片刻

简练的家具和颜色描绘出了一个干净简洁的空间，书桌、床和衣架的功能与美学巧妙结合。干练的线条，灰色的空间配上金属的小桌子，通透的玻璃浴室，更有个性。墙壁上的挂画是可以移动的，挂画的后面是被隐藏起来的电视。客房里临窗的画架，是设计师特意为每个客人而备，希望每个人都留下珍贵的片刻。

▲ 打破常规的床头板形状，更加符合年轻人的特点，彰显个性

⋀ 任何造型的家具都是能被接受的，个性的桌椅在深蓝色的地毯上让空间更有层次感

⋀ 傍晚，酒店的咖啡厅是享受悠闲时光的好去处。天花板上 7 只小人携降落伞从天而降，拥抱美食

⋀ 彩色的跳棋成为了顶棚的天花，像彩虹糖般甜蜜

⋀ 客房的门口趴着的小狗，高抬的头好像在等着主人的归来

⋀ 走廊的设计简练而有力，曲折向前，每个角落都有画作与涂鸦

⋀ 相互交织的线布满了台球室的棚顶，年轻大胆，充满活力

‖02 自然主题的麦芽庭艺术酒店

坐标：中国，浙江，杭州

设计公司：杨钧设计事务所
设计师：杨钧
文／编辑：于洋洋 苑圆

大隐隐于市

灯具的运用让人印象深刻，
线型的走向多变而不乱，简洁时尚，
盘活了每个空间。

大隐隐于市，绿荫盎然中，于此安享生活

︽ 拼贴的图案把地面和墙面连接在一起，木制小桌和另一面深色墙成为重色，使拼贴图案在空间中很好地融合

杭州麦芽庭艺术酒店是一间精品客栈。酒店深居于白乐桥一隅，毗邻九里云松和灵隐寺，四周茶园环绕，绿树青葱。喜爱清新自然环境和品味居所的旅人，在这里可以忘却心灵的疲倦。酒店以清新亮丽的装修风格，为家人营造出温馨舒适的氛围。凭借出色的设计风格它也多次出现在各种家居旅行时尚杂志及CCTV2 "交换空间" 等媒体上。

绿意环抱，偌大的庭院只留下一扇门欢迎游客。庭院中点缀的
烛火，夜幕中仿若荧荧星河

线条、几何、组合，融合成了麦芽庭

酒店分为1幢和2幢：1幢主打摩登风格，2幢则是时下最流行的北欧风。1幢的一楼有一个带户外花园的书吧。在这里，你可以边喝下午茶边听音乐，或翻阅书籍杂志，享受惬意时光。2幢的一楼有一个带户外花园的咖啡吧。这里可以举办容纳20人左右的各式主题聚会，兼供精美下午茶、高端花艺摆台、用餐、会场租赁等服务。 麦芽庭共10个客房，由第一栋房子楼上4间客房及第二栋房子的6间客房共同组成。每一间客房的设计都有自己的特点，以麦芽的生长节气为主题，分别名为：白露、小满、惊蛰、芒种、谷雨、秋分、寒露、小雪、春分、夏至。

▲ 一楼的公共区域是咖啡吧，典型的北欧风，干净利落，没有繁琐装饰

灯具的运用让人印象深刻，
线型的走向多变而不乱，简洁时尚，
盘活了每个空间。

⅄ 中心区域的吊顶设计别出新意，大朵的白云设计隐去了裸露的水管道，特别当暗藏灯光亮起时，云彩薄薄地飘浮在空中，
给人一种轻盈感

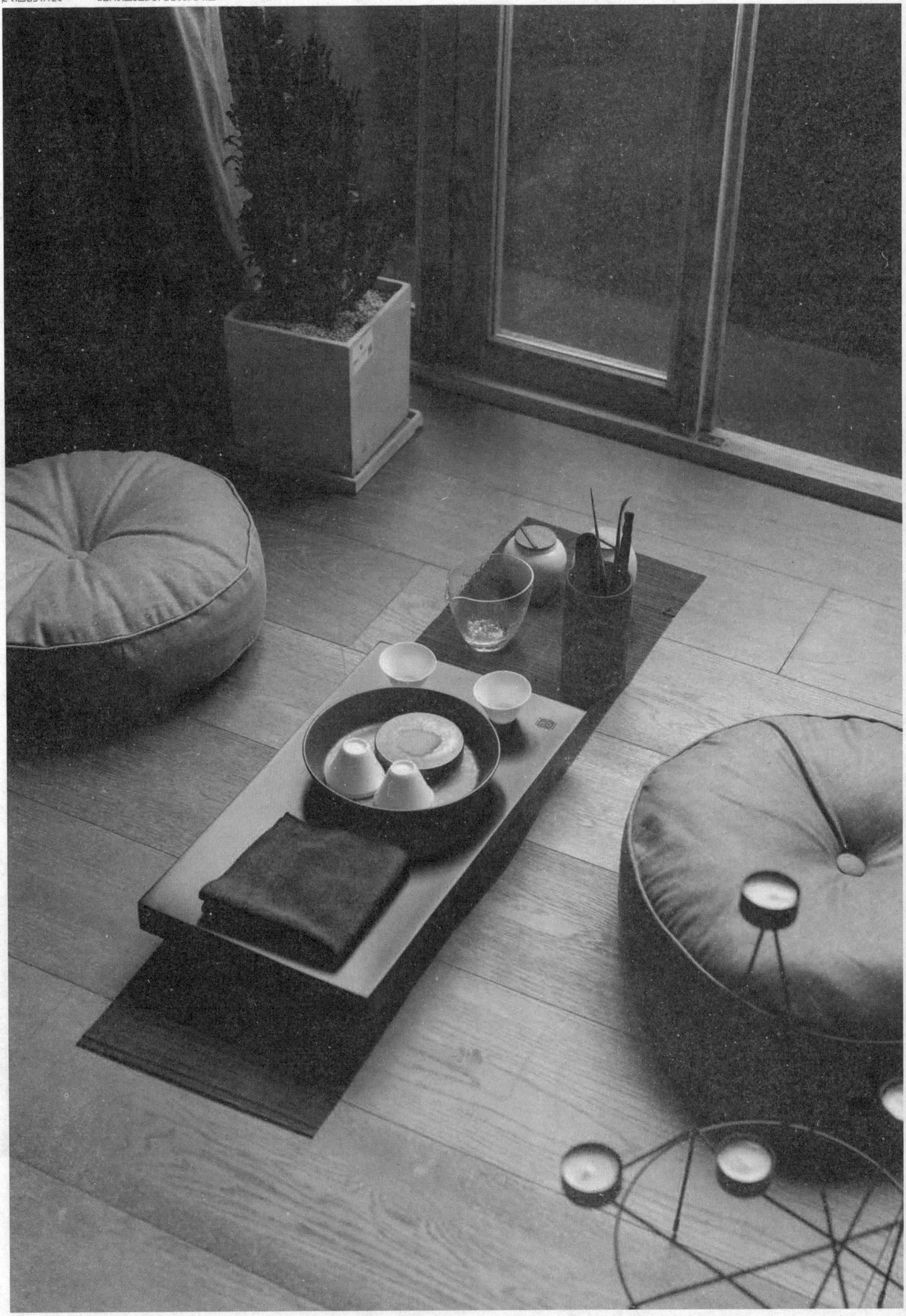

　　浅咖色的窗帘和木色的桌子、门框在色彩上彼此呼应，深色的椅子和抱枕点缀其中，带来空间质感和沉稳。简约的椅子滑出优雅的线条，让使用者更为舒适，桌子又颇有创意地给绿植留了一个属于自己的位置。暖光搭配冷峻色调，看似水火不容，却完美融合，冷暖相宜，备感舒适。

　　一些非常有人情味的老物件和色彩偏暖的挂画，超有回忆感且不失温暖。

一个像风情万种的女人，
一个像冷峻高傲的男人，
没有矛盾，只是给你多一个选择，
这就是麦芽。

△ 谷雨房

"月波半浸杨柳，谷雨初匀牡丹。"

"谷雨房"的木质大床白沙幔围绕，浪漫又温馨。倾斜的屋顶和浴缸衔接在一起，很好地利用了空间。紫红色和金黄色的搭配就好像惊蛰这个节气，乍暖还寒。厚重的紫红色和蓝色带来沉稳的感觉，金色的抱枕和沙发则充满了活力，蓄势待发。

古典与现代、中式与西方，混搭在一起，给人带来全新的视觉体验

在这里，体验名品是件易事。你可随时接触到知名设计师的优秀作品。一楼是一个独立运营的咖啡馆，在这里可以品尝到你想要的咖啡、酒水或下午茶。深处的公共空间处有一面巨大的落地窗。透过落地窗，映入眼帘的是有鱼有水有荷花的前庭美景，这里还摆满了世界各地淘来的摆件。

为欢迎入住的客人，房间内贴心地准备了各式饮品、时令水果、巧克力以及手工曲奇点心；卫生间内更是特别提供了免费的全套洗护用品；前台还会贴心提供隐形眼镜护理液和部分化妆品，24小时的管家式服务，随时待命。

明亮的大落地窗使整个房间的采光大大提升，打造出一个通透明亮的卧室

在这个房间中，每一个看似不起眼的角落都是主人精心布置过的。北欧极简设计的丹麦限量版 B&O 音响和古香古色的柜子摆放在一起，混搭意味十足，酒店中虽以自然为主题，却也处处融合着现代元素，观赏性与实用性并存。墙上，绿植斑驳的影子，静怡惬意，与空间围绕自然的主题完美契合。柔和的灯光下喝上一杯咖啡，享受时光。

∧ 在瓶中茁壮生长的枝丫

这里盛产什么，就把最负盛名的物产拿来做民宿吧！

10

特色物产篇

——风格选择及巧用当地资源打造民宿产品范例

SPECIALTY PRODUCTS

■ "特产"是一个接地气的字眼，可以代表一个地区、一个城市，甚至是一个国家，集文化、政治和经济的价值于一身。因此，特色的当地"物产"可谓是该地区最闪亮的名片。那么，何不用这张"名片"做民宿呢？

■ 本章第一个案例是景德镇的案例。毫无疑问，陶瓷是景德镇最代表性的"物产"，用这张甚至可以成为中国名片的陶瓷来做民宿，堪称当地的"大事记"之一。

■ 被称为北国水乡的盘锦是稻米之乡，那么为何不让人们睡睡"谷仓"？谷仓民宿的创意随之而来，北国民宿的质朴风情更是呼之欲出。

▍**01** 景德镇溪间堂微奢艺术酒店

📍 坐标：中国，江西，景德镇

设计师：余剑峰
文 / 编辑：郑亚男 苑圆

去景德镇住"瓷房子"

在溪间堂，陶瓷以各种新奇的姿态，
或做入墙壁，
或做成顶部装置，
或作为隔断，
或"隐入"前台……
在这个现代诗意的空间中陶瓷艺术无处不在。

∧ 前台由湖蓝色的陶板构成，烧制成复古感，闪闪金色点缀其中

景德镇溪间堂艺术轻奢酒店（后简称溪间堂）位于千年瓷都景德镇，地处珠山区陶阳南路，东临我国唯一陶瓷高等学府景德镇陶瓷大学，南望国际陶艺家荟萃的"古陶瓷发源地"三宝瓷谷。公司旗下还有溪间堂美术馆、溪间堂艺术餐厅、溪间堂微奢艺术酒店等。溪间堂以当代陶瓷艺术为主题，运用现代艺术手法进行设计、造型、装饰。走进大堂一侧的美术馆宛若走进陶瓷艺术的殿堂，中外陶瓷艺术应接不暇。

艺术餐厅定位为当代设计风格，以当代陶瓷艺术为主题，运用现代艺术手法，将陶瓷艺术与高端餐饮空间紧密结合，力求营造出清新、时尚、不拘一格的艺术就餐空间。在这里可以从事陶瓷文创产品研发与销售、陶瓷艺术创作、陶艺体验、陶艺壁画设计与制作、艺术空间设计、艺术品投资、展览策划、文化艺术交流等工作。

< 浅浅的灰色系，简约中透露着一股知性气质。墙面上的陶瓷是通过绞泥工艺制作，自然形成了纹路

∧ 空间细节处暗藏深意，走廊的地毯图案好似层层叠叠的峰峦，又好似绞泥工艺自然而成的纹理

　　那些精美的陶艺壁画、装置、陈设、艺术品在这里成为普通摆件和居住

的背景，何止微奢，简直是价值连城！但处理得又如此自然，不浮夸。

随处可见的陶瓷装饰，契合空间主题的同时，又兼具美感

"瓷房子"虽为住所但也是陶瓷的展览厅，让艺术走进生活

⋀ 独具地方民俗文化特点的室内设计，既有中式传统韵味又符合现代人居住的生活要求，静
谧清闲的同时，不失生活感

⋀ 朴素典雅的客房，阶梯吊顶配合光带和射灯 ⋀ 两个相互颠倒的照明灯增加了空间的趣味性， ⋀ 房间精致简约，彰显中式古韵。随处可见的
增加了空间的层次感　　　　　　　　　　　配合顶棚的木制装饰中式韵味溢于言表　　　陶艺饰品诉说着陶瓷艺术的博大精深，在散
发古韵的空间里放松心神，体味家的温馨

　　"单纯中蕴含丰富，在匠心独运中体现自然，在现代形式中传达精神，在
古老的陶艺语言中渗透进当代人的思想和感情"。溪间堂将陶土、釉料、工
艺在烧制中的那份不可预期性也放入空间，潜移默化地影响着居于此地的人
们，同时陶瓷在空间里的巨大表现力和无限的可能性，也大大激发了公众参
与的热情。

陶瓷，生活，艺术。
在这里和陶瓷艺术近距离接触，
融进了生活的点点滴滴。

△ 墙壁上的陶瓷装饰一阴一阳，一正一反。餐桌上的陶瓷餐具、摆件，给人一种细腻、独特的情调

　　总的来看，现代陶艺是一种既能传承传统精神文脉，又能吻合现代视觉经验、表达现代思想和情怀的艺术语言。溪间堂，是陶瓷转向公共空间的一次"实践"。这种从传统陶瓷领域中解析出来的新式的空间运用，是当代陶艺家们对陶瓷本质的探索与追求中实现的，伴随着当下的艺术生活的需求而产生，超越了实用功能的束缚，传递着现代人们对生活审美的情趣与审美意向的变化。现代陶艺为公共空间注入了新的艺术生命力，为营造全新的、艺术的、为当代大众文化品位和人文精神相结合的公共环境空间开辟了新思路。

▲ 陶瓷的顶棚装饰，制成纸张的样子，在空中飞舞

▲ 个性化、艺术化的陶瓷灯具设计突破传统室内空间的因循守旧，如风铃般叮咚作响甚是美妙

02盘锦新立镇谷仓民宿

坐标：中国，辽宁，盘锦

建筑设计团队：大连风云国际建筑设计有限公司
摄影师：刘杰
文 / 编辑：苑圆

去北国稻乡住"谷仓"

用质朴的设计找到人与自然的关系。
来稻乡放慢生活的脚步，
和丰收撞个满怀。

　　盘锦市素有"北国江南"之称，也是全国重要的优质稻米生产基地之一。盘锦新立镇谷仓民宿位于盘锦新立镇，基地北侧、西侧视线良好，考虑到视线借景，设计中对现有池塘加以改造，并对现有大树都予以保留。庭院采用视线半闭合方式，有疏有密，有遮有透，将自然景观纳入民宿视野内。围绕不同的主题，设置特色温泉，结合特色绿化，形成景观集合。在景观集合基础上，结合当地特色植物，又形成不同的主题景观分区。

∧ 位于香草区的"情侣米仓"

　　湖岸也是改造的项目之一，湖东岸的芦苇长势良
好，故而得以大部分保留，再配以水葱、香蒲等精致
植物，稍加修整即可；湖西岸进行了坡度修整，搭配
各类湿生植物，净化水体的同时也营造出湿地景观。

位于田园区的"亲子米仓"

民宿边的小菜园

⋀ 黄泥围墙细节

⋀ 旧物枕木改造景观灯

⋀ 用"五谷"理念分别命名米仓民宿

经过测绘和校准，团建谷仓的围墙略做偏移，做曲线化处理，优化空间利用，栅栏部分采用当地特色的槐树条编织。局部景观采用佛龛洞口的处理方式，营造意境。

谷仓入口采用圆木桩、苇编、锈板等元素，保证视线可观赏到团建谷仓水中倒影。

圆木桩围合小矮墙

∧ 融合当地特色的波浪形槐编挡墙

　　拍苫屋顶：拍苫，一门濒临失传的制作屋顶的老手艺，相传已有 150
年历史。当时物资匮乏，当地人就地取材，用红毛公、苇撒子、柳蒿、蒲草
作原料对起脊尖房进行拍苫。这项技艺是人们在生产生活中凭借经验和智慧
发明的一项传统手工技艺。

▲ 融合当地特色的波浪形槐编挡墙

▲ 拍苫屋顶

▲ 圆木桩特色草坪灯

让乡愁不再是乡愁，让我们带上心意，把乡村改造成能常常回去的家！

11

村舍改建民宿篇

——风格选择及巧用当地资源打造民宿产品范例

COTTAGE

■ 民宿最早是指欧洲部分国家乡村地区为游客提供住宿的农舍，意在让游客体验到家庭式温暖的同时，也能够更加直观地体验到真正的农家田园生活。

■ 该章所挑选的民宿案例或自然、或质朴、或纯粹，既没有破坏乡村的天际线，又满足了人们追求淳朴生活的需求。

■ 粗犷中又透露着些许柔和，麻质的床具、窗帘，颜色素雅的布艺家具，处处都洋溢着一种返璞归真的自然生活气息。

■ 带上诗意，带上诚意，改造我们的美丽乡村，让"乡愁"不再是"乡愁"，让我们都可以拥有一个可以想念的乡间"老宅"或"祖屋"。

01墟里壹号

坐标：中国，浙江，温州

设计师：姚量
文 / 编辑：于洋洋 苑圆

带上心意 守护家园

向往归隐山林的生活。
竹树绕吾庐，清深趣有余。
和山川林海共同呼吸。
看天光云影，看四时变化。

△ 室外露台上的复古木长桌是一处非常打动人的设计，能够与三两好友一同坐在长桌边说笑、野餐、赏景，享受在自然中的惬意生活

▲ 面向群山，可赏竹林潇潇，云海漫卷，和家人一起体味惬意生活

华夏魂，现代骨，自然衣。

"暖暖远人村，依依墟里烟。""墟里"的名字来源于陶渊明《归园田居》，亦是创始人小熊对鸡犬相闻的中国传统乡村的想象和概括。2014 年底，经历过在欧洲乡村及北京郊区的乡居生活后，80 后律师小熊回到老家。在层层梯田的重重远山间，寻得一处农舍，尝试营造生活与土地真实的连接。"墟里"就这么诞生了。

墟里壹号面向群山，可赏竹林潇潇，云海漫卷。从芒种到寒露，梯田景观四时变换，从明如镜面，变为层层叠叠的新绿深绿，直至秋收金光一片。从壹号可游历崖下库、百丈瀑景区到达贰号。墟里贰号位于楠溪江中游谢灵运后裔聚居地蓬溪村，有山有水，窗前稻禾，院内花香，每天赶羊、赶鸭子的村民从门口的小溪经过，他们还在溪边洗衣服、晾酸菜、晒红薯干、酿烧酒、晒索面，一幅悠然的田园生活图景。这里距离楠溪江石桅岩、芙蓉古村等只有 20 分钟车程。

︿ 在厨房也可感受到自然的四季更迭，日升日落

︿ 人与人感情的自然流露是最可贵的，和村子里的人相处，感觉田园生活的温暖

∧ 石墙和木楼梯自然搭配，颜色和纹理的变
幻莫测，成为一份独一无二的风景

∧ 屋内的木头结构朴实而简单，远离了城市的喧嚣，捧一杯热茶远眺山林，享受这一份静谧与美好

∧ 绿树和青石板遥相呼应，木板茶几、亚麻的
沙发、藤制的灯饰都有种回归自然的质朴感

∧ 这是一个适合深呼吸的地方，任何人都可以
于此找到一份难得的静谧

∧ 与亲密的朋友、家人一起分享这里
的自然风光，这就是最美的时光

一张茶桌，一套茶具，几个抱枕，飘窗赋
予生活以闲适的情调

善待每一片旧木、旧瓦、旧砖，墟里的空间结构给
人更亲密、更活泼的感受

绿树和青石板遥相呼应，木板茶几、亚麻的沙
发、藤制的灯饰都有种回归自然的质朴感。屋内的木
头结构朴实而简单，远离了喧嚣的城市。与亲密的朋
友、家人一起，捧一杯热茶远眺山林，享受这一份静
谧，分享这里的自然风光，这就是最美的时光。因为
墟里的空间、结构给人更亲密、更活泼的感受，让
人不由自主学会善待每一片旧木、旧瓦、旧砖……这
是一个适合深呼吸的地方，人人在这里都可以放松心
神，感受自然的魅力。

Λ 通透的空间，在浴室中也能看到窗外的景致

　　木石所构成的空间，低调质朴的建材，最大程度地接近自然。一道玻璃隔开的两个世界，屋外的树林，屋内的石头，木家具配上暖色的射灯，为空间增添了不少风情。墟里的设计采用大量"有温度，有感情"的木质元素和天然材质，尊重建筑的原有语言，只保留事物最基本的元素。不求华丽，旨在体现人与自然的沟通，营造一席"户庭无尘杂，虚室有余闲"的栖息之地。

　　墟里壹号和墟里贰号定位乡村，最大程度保持了乡村本来的面貌，尽可能去挖掘乡村的美好，与自然和谐相处，营造与自然的亲密关系。

02墟里贰号

坐标：中国，浙江，温州

设计师：姚量

文／编辑：于洋洋 苑圆

暖暖远人村 依依墟里烟

去跟乡村，
跟自然，跟土地，
跟生活在那里的人们发生切切实实的交流和联接，
这是墟里的选择。

△ 墟里贰号的蔷薇拱门

∧ 湖光山色碧映天，点点灯光，恍如童话

墟里壹号建成一年后，在距其车程 1 个半小时的楠溪江畔，墟里又开了"贰号"。壹号入云，贰号临水，都是既近山水，又近人烟的地方。

∧ 墟里贰号院内花香，那是触手可及的自然

　　墟里贰号的设计核心是借景，旨在将房子隐于自然中。每个房间都能与外部连通，与自然一起呼吸，花草、风雨、山石、阳光是空间的主演。这里本是小熊父亲的老房子，小熊父亲亲自选址、画图，包括今天看到的水泥台阶和栅栏都是其作品。院里的桂花树、金银花和已经成为墟里贰号标志性景观的蔷薇花，也都是他亲手栽下的。可以说，这些带着情感记忆的事物，才是墟里最珍贵的部分。

◁ 室外的庭院小空间在细节处下足功夫，落地灯就是最好的证明

△ 阳光透过竹子屋顶细细地洒下来，透过通透的窗户，如黛的青山营造出结庐人境地还幽的意境

和亲朋好友聚于露台，看山景钟灵毓秀，建筑与青山遥相呼应

△ 窗前稻禾，院内花香

▲ 木制的地板、家具好像回到了古旧的阁楼，倾斜的屋顶保留质朴的房梁结构，木材用最原始的姿态展示着过去的岁月

去跟乡村，

跟自然，跟土地，

跟生活在那里的人们发生切切实实的交流和联接，

这是墟里的选择。

▲ 简单的装饰、充满质感的墙面、洁白的床单，一切都充满了禅意

　　墟里贰号着力在室内外各处小空间的细节上下功夫，室外的落地灯就是最好的证明。象征自然的植物小品更是随处可见。木制的地板、家具好像回到了古旧的阁楼，倾斜的屋顶，保留着质朴的房梁结构，木材用最原始的姿态展示着过去的岁月。简单的装饰、充满质感的墙面、洁白的床单，一切都充满了禅意。开放式的厨房、木与砖石打造的吧台、有肌理的木料让空间充满自然的气息。阳光透过竹子屋顶细细地洒下来，透过通透的窗户看到如黛的青山，结庐人境地还幽。和亲朋好友聚在露台，看钟灵毓秀的山景，建筑与绿山遥相呼应。

∧ 开放式的厨房、木与砖石打造的吧台、有肌理的木料让空间充满自然的气息

03 桃花壹号民宿

坐标：中国，广东，清远

创始人：刘荣（桃花湖文旅创始人）
建筑师：刘方刚 曾越
摄影师：喻焰
文／编辑：苑圆

误入桃花源

推开这扇木门，
就是令人醉心的另一个世界。
风景秀丽，
七八个星天外，
两三点雨山前。
飘飘乎如遗世独立，
融入在这山水之间。

　　桃花壹号是由湖边的一座干打垒农房改建而成的。2015 年秋天，桃花壹号开始动工，同年 12 月底基本建成并投入使用。坐北朝南的桃花壹号囊括了桃花湖区域内的最美景观，正对着近 4000 亩的天湖，周边植被茂密，山体为喀斯特地貌，湖面小岛星罗棋布，景观极佳。从湖中往桃花壹号看，老泥房和山水完美融合，和岸边人家并无二致。

∧ 远山如画，碧水如镜。远离世俗的喧嚣，站在露台上好
　似误入了桃花源

　　在风格改造上，桃花壹号秉持质朴、自然、纯粹、浪漫的理念，只对原有的旧民居以及周边的环境进行微调，以凸显桃花壹号的"复活"核心，即尊重人的自然景观感受，在保留农房原有泥土外墙的基础上，对内部进行简约、自然、精致修饰，使其更舒适、宜居，符合现代人的生活习惯。

Λ 夜色中的桃花壹号

∧ 水涵天影阔，山拔地形高

△ 桃花壹号的庭院，背靠青山

◁ 木门、石阶、树木掩映，在那之后就是桃花壹号

生长在枝干做成的花盆里的多肉 ▷

⋀ 淡淡的松木味萦绕在空气中，舒舒服服地泡上
一个热水澡，与山河树木为伴

⋀ 客房的装修简洁素雅，床头柜上的小灯、独具
特色的床上用品让空间更加温馨

⋀ 悬挂在屋顶错落有致的灯，一抹红色点缀在
屋内，别具一格

⋀ 山上层层桃李花，云间烟火是人家。看风
景如画，感受微小而确实的幸福

△ 白墙上的木制窗户、瓷瓶中的干花与自然更加亲近

04 爷爷家青年旅社

坐标：中国，浙江，丽水

主持建筑师：何崴（中央美术学院建筑学院）
建筑设计公司：何崴工作室 / 三文建筑
建筑设计团队：陈龙 李强 陈煌杰 卓俊榕
照明设计团队：张昕（清华大学建筑学院） 韩晓伟 周轩宇
摄影师：何崴 陈龙
文 / 编辑：高红 苑圆

在"爷爷家"，
看云上平田

黄土色的老房子，
普普通通的外表却有一个鲜活的灵魂。
自由、年轻、活力，才是它的本色。
一栋老房子，一份新体验。

丽水平田村被誉为"云上平田"，坐落在距离松阳县城 10 公里的群山之间。平田村建于北宋政和年间，自然风光优美，历史文化底蕴深厚，2014 年成为第三批被列入国家古村落保护名录的村庄。平田村海拔 610 余米，依山而建，群山环绕，古树环抱。这里有黄土色的老房子，蜿蜒的小山道，淳朴的村民。晨间云蒸雾绕，晴日向晚，则晚霞织锦。村西有口池塘，春夏满塘，秋冬清浅，一年四季美景都倒映其中。日出晚，日落早，生活节奏缓慢，吸引无数对田园山居情有独钟的人来小憩，品尝新鲜的时蔬和肉制品。

爷爷家青年旅社原是一座普通夯土民居，二层，土木结构，共约 270 平方米。因为江斌龙爷爷的业主身份，所以大家将它称之为：爷爷家。

房子的主人想让自己的房子有朝气活力，让自己能够在充满活力的氛围中生活。于是爷爷委托设计师对这个普通民宅进行改造，赋予它新的使用功能。为了保持村庄的整体风貌，爷爷家的外部形态几乎未变，只在二层朝向良好景观的一面开设了一个长窗，将阳光、空气和美好的景色引入建筑室内。

▲ 从村落看改造后的爷爷家青旅

⋀ 一楼为年轻人提供了交流的场所

⋀ 二楼休息区，打开原来封闭的土墙，形成能看得见风景的大长窗

⋀ 二楼室内，一种轻质、半透明、可移动的"房中房"元素被放置在空间中

⋀ 使用彩色光照明模式时，"房中房"变得充满激情

光是设计中另一个重要元素。照明的逻辑源自于"房中房"的空间逻辑，视线的逻辑则遵循照明的逻辑：白天的光由外向内，通过屋顶的明瓦和大侧窗将天然光引入阳光板房，居住者的视线则由内向外，穿过层层洞口远望群山和村落；夜晚的光由内向外，通过半透明材料的反射、折射照亮整个房间，并向村庄溢散，居住者的视线则由外向内，最终聚焦于阳光板房内部，真是极具现代感的灯光构图啊。

柔和的 LED 线形光源（暖白和彩色）安置在"房中房"的木构架上，形成自由的线条组合。这种富有艺术表现力的构图和可直视的光源与青旅居住者的"年轻"特质完美契合。基于足尺模型实验，灯与阳光板的位置关系遵循光的方向，与阳光板空腔的走向相

垂直，被照亮的阳光板形成光栅，叠加在原有的视觉关系之上，赋予了居住空间一种全新的半透明视觉体验。天然光、暖白灯光以及变化多端的光影效果给人温馨、模糊和迷幻的感觉；在特定时段开启一支彩色灯管，整个空间又被打造成为一个富于激情的场所。

对室内进行大胆的改变：一楼，原有建筑室内的隔板被拆除，变为一个通透的大空间。这里成为青年人交流、休闲的场所，为村庄中的村民或者游客提供歇脚的公共空间。

Λ 旅客在一楼休息

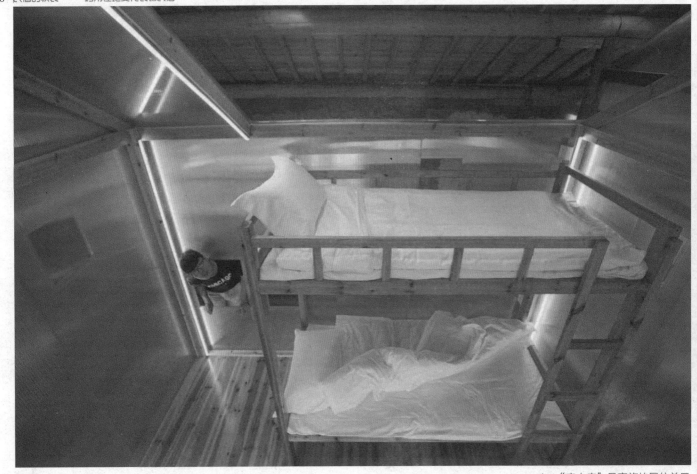

Λ "房中房"是青旅的居住单元

为营造更具戏剧性的效果，"房中房"的表皮上
开了一系列大小不一的洞口。这些洞口一方面将相对
单一的界面变得活跃起来，另一方面也为界面内外的
使用者提供了相互"窥视"的可能性。

二楼，为了保留原空间的"大"特质，常规固定
墙体分隔的模式被否定了，一组"房中房"的空间构
架被植入原有土房子中。它们由轻质材料建构，可拆
卸、可移动、半透明，设计师以一种"轻"态度将其
放入厚重的室内空间中。

△ "房中房"还是可以"行走"的建筑。构筑物底板下安装有一组万向轮，年轻人完全可以根据自己的需要，再造空间

△ 从天窗（明瓦）中洒下的冷白色日光与暖白人工光，在阳光板的折射、反射、衍射下形成迷幻的光影效果，彩光亮起，空间气氛则瞬息万变

05 "诗里·梦" 艺术民宿

坐标：中国，浙江，杭州

设计师：姜川芽
文/编辑：高红 苑圆

住在诗里 梦见远方

你想赶往春天，欣赏一场花开；

你想去到天涯海角，看遍世界的美好；

你想追寻初心与梦想，遇见最好的自己；

你开启往简单的生活，抵达心安；

你想去的所有远方，都在诗里。

∧ 大厅的拼贴地板和形态各异的吊灯，营造诗意的生活空间

闰色

△ 简约现代的黑色落地灯和床头灯，树桩式的床头柜上点缀一株绿植，简单的黑白灰空间

身体要旅行，灵魂要歌唱，让身体住进民宿，让灵魂住进诗里。"诗里·梦"是一家诗歌、阅读、植物主题民宿，民宿内经常组织各种诗歌朗诵、读书会和植物手作活动，是杭州艺术家和各地文艺青年的精神家园。

民宿坐落于杭州西湖风景名胜区灵隐白乐桥286号，四面环山，舍前灵溪潺潺。近邻灵隐寺、北高峰、三生石，周边风景名胜不胜枚举。这间隐藏在青山绿水中的房子，有着朴实的外表，伴着竹林、桂花树，用黑白灰色简单装扮着自己。

∧ 阁楼的屋顶被赋予了新的生命，高低起伏的棚顶让空间多了一份韵律

民宿共有三层，拥有七间独立客房，均为大床房，内含冷暖空调、独立卫浴、有线电视、24 小时热水，以期为宾客打造舒适的住宿体验。"诗里·梦"作为"我们读诗"的声音采集点，于每个房间都放置了精致的诗签，入住客人可以朗读诗签上的作品或自己喜爱的诗，而经筛选后的优秀作品也会在"我们读诗"平台上发布。借由这些诗歌的诵读，一方面表达着他们对杭州的喜爱，另一方面也体会着这所"诗意之城"的魅力。此外，值得注意的是，对于来杭的作家或诗人，只要带一本已出版的签名作品集，就可以在"诗里·梦"拥有一间免费的房间。

阳光透过纱幔洒进屋内，聆听灵隐寺传来的阵阵 ➤
钟声

▲ 不规则木板和黑色铁管做成的桌子，那是自然材料与工业碰撞的产物。深色的沙发和棕色地板让
人感到亲切温暖，窗边橘红色小桌子更为空间增添了活力

人生有两种追求，一个是飞向远方，一个是回归故乡。

每个远方都应该有一家民宿，

它连接自然，通往世界。

诗词是所有人共同的精神故乡，

我们在世间的一切旅途，

终归诗酒田园。

▲ 手工制的枫叶书签

▲ 木头桌子上一圈圈的年轮好像在诉说着曾经的年岁

◁ 木制的摆件和小盆栽让这里处处充满自然的味道

　　"诗里·梦"经常组织各类文艺活动，如植物拓染、手作课、水彩课、花艺课、读书会、分享会、创意烘焙等。同时还开发了一系列文创产品，如桂花香囊、手作润唇膏、植物包包、手作荷包、枫叶书签等，给大家带来艺术的享受。

专业的室内设计知识和
行业规范不可或缺！

12

民宿软装基础知识教程
COURSE

▌01 民宿色彩设计基础

1、色彩搭配设计

色彩是对室内空间的第一感知印象，合理的色彩搭配不仅会加强空间装饰元素的视觉联系，而且能潜移默化地影响空间使用者的心理感觉。

（1）色彩的混合

a. 原色

色彩中，原色的色彩纯度最高、最纯粹。任何一种颜色都无法混合出原色，原色中的任何一种颜色也无法通过其他两种颜色混合而成。原色分为色光三原色和颜料三原色。色光三原色：又称"加色三原色"，红、绿、蓝三色混合之后，变成白色。例如，电子显示的基本色是红、绿、蓝，再由红、绿、蓝调出其他光色。

色光三原色分别是：红（R）、绿（G）、蓝（B）。

颜料三原色：又称"减色三原色"，三种颜色混合在一起成为黑色。印刷上，除三色之外还增补了黑色，成为四色。

颜料三原色分别是：青（C）、品红（M）、黄（Y）。

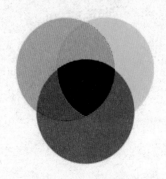

b. 间色

由两个原色混合而成。色光三间色是品红、黄、青。颜料三间色是橙、绿、紫。

c. 复色

由三种原色按不同比例混合，或用间色与间色混合而成。

（2）色彩三要素

除无彩色之外，每种色彩都具有色相、明度、纯度三种属性。无彩色只具有明度属性，而不具备色相及纯度。

a. 色相：即色彩的相貌，是不同色彩的基本特征。除无彩色（黑、白、灰）以外，其他色彩均有色相属性。另外，同类色彩又可分为多种不同的色相。色相可确定空间色彩的基本定位及设计意向。

b. 明度：即色彩的明暗程度，主要取决于光线强弱。妥善运用明度，可更有效地明确色彩节奏，尤其在划分空间色彩层次方面有突出优势。

c. 纯度：即色彩的鲜度或饱和度。纯度须通过三原色互混产生变化，或者通过加入黑、白、灰产生，还可利用补色互混。色相越明确，色彩纯度越高；色相越含糊，色彩纯度越低。纯度较低的色彩，色彩相对柔和。提高纯度，色相个性明显强烈，加强色彩搭配的视觉强度。降低纯度，色相个性模糊包容，协调不同的色相。纯度的运用也可间接加强空间远近距离。纯度高颜色感受上越趋近，纯度低颜色感受上越趋远。

（3）色彩的冷暖

色彩的冷暖本是一种人的触觉感知反应，进而产生生理感知反应，可称为"联觉"。比如看到橙色，产生对火的"联觉",因此橙色定位为暖色,而蓝色定位为冷色。绿色与紫色的冷暖属性相比于橙色及蓝色不够明确,定位为中性色。另外冷暖具有相对性,例如,玫瑰红偏冷的红色与橙色对比时,显得更冷一些;与蓝色相比较,则更具暖感。

(4)色相环

色相环的识别与使用对于色彩搭配至关重要。现今较常用的色相环主要有两种,即十二色相环与二十四色相环。

十二色相环:十二色相环以黄(Y)、红(R)、蓝(B)为三原色,在色相环中形成一个等边三角形,介于原色之间的是橙、绿、紫三种间色。由原色与间色衍生出复色,如黄橙、红橙、红紫、蓝紫、蓝绿、黄绿,构成十二色相环。

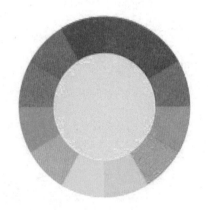

二十四色相环:基础色相由八个组成,分别是红、橙、黄、黄绿、海绿、蓝、群青、紫。每个色相再细分为三个,共构成二十四种色相。

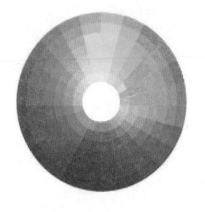

人眼所能识别的色相中,色相的不同搭配会产生差别很大的视觉效果,如色相环上方排列的色相,越是邻近,对比性越弱,视觉效果越统一;距离越远,对比性越强,色彩之间产生一定冲突。

二十四色相环中标注的指针指数以数据说明色相对比性。在0°～180°的色相对比关系之间,指针的指数越高,色相对比性越强。

2、色彩搭配类型

这里推荐adobe公司出品的在线配色工具网站来简明动态地体会一下色彩搭配方式。登陆网站https://color.adobe.com/,接下来介绍的配色类型都可通过调节不同选项设置做出相应配色组合。

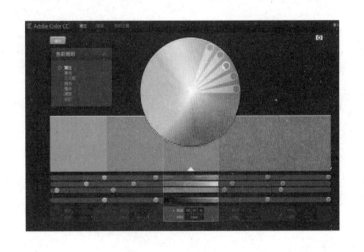

3、色相

（1）弱对比搭配类型

指同类色（二十四色相环指数为 0°）和邻近色（二十四色相环指数为 30°）搭配。弱对比搭配是色彩对比性质较弱的一种搭配方式，色相成分较一致，有利于统一空间色彩。

（2）中对比搭配类型

指类似色（二十四色相环指数为 45°）和中差色（二十四色相环指数为 90°）搭配。中对比搭配类型属于色彩对比度适中的搭配方式，色相关系相对统一，存在相同的色相成分，但有着各自独立的属性。

（3）强对比搭配类型

指对比色（二十四色相环指数为 120°）和互补色（二十四色相环指数为 180°）搭配。强对比搭配是一种色彩对比最明显的搭配方式，色彩效果非常分明。为了使两种对比较强的色相不形成过于冲突的效果，可根据设计要求对色彩纯度进行适当控制。

（4）无彩色搭配类型

无彩色指"黑、白、灰、金、银"五种不包括在可见光谱之内的色彩。色彩搭配中，黑、白、灰只有明度属性而无纯度属性。

4、纯度搭配类型

（1）高纯度搭配类型

色彩特征非常鲜明，形成强烈、醒目的视觉体验。

（2）中纯度搭配类型

配色纯度适中，可在一定程度上削弱色彩本身的视觉强度，形成和谐的视觉效果，但每种色彩依旧保持独立的色相个性。

（3）低纯度搭配类型

配色纯度较低，色相原有强度降低，整体配色柔和。低纯度配色是色彩搭配的难点，亦是重点，需要有敏锐的色彩感知力以及丰富的配色经验。

5、明度搭配类型

明度搭配类型拥有直观的节奏效果。

（1）高明度色彩搭配类型

明度较高，可形成透亮、明快的色彩效果。

（2）中明度色彩搭配类型

色彩明度适中，既不显得过于鲜艳醒目，也不会造成过于暗沉压抑之感。

（3）低明度色彩搭配类型

色彩效果深沉、低调，甚至神秘。

6、色彩序列

（1）色彩序列的划分

a. 背景色

背景色的面积比例最大，是室内空间中有力的衬托色，通常指室内空间的天花板、墙面、地面等界面的装饰色彩。背景色可明确室内主调，也可潜移默化地影响居住者的心情及空间陈设色彩。

配饰设计中，面积较大的配饰元素也可能成为背景色，如有较大面积的窗帘、地毯、屏风等。

b. 主题色

主题色的面积比例仅次于背景色，一般指空间中的家具、窗帘、地毯等配色的色彩，为色彩装饰的重点，是室内装饰的主角。

c. 点缀色

点缀色在室内空间中占据面积较小，通常指花品、画品、小型艺术摆件等元素的色彩，虽然面积较小但具有强烈的视觉吸引力，可起到丰富空间的作用。室内配色序列的划分中，点缀色的设置最为灵活。局限于小型可移动性陈设。

（2）色彩序列设计步骤

空间色彩序列设计可分为以下五个步骤，并通过实例来解释。

Step1：将灵感来源图片上传配色网站，获得配色方案。

Step2：背景色是整个空间面积最大的色彩部分，首先应对背景色进行色彩定位。先对墙面、顶面、地面进行对比分析，确定三个界面的配色是否符合设计需求。

Step 3：设定家具色彩时，需严格参考已确定的背景色。再利用面积较大的布艺对背景色彩以及家具色彩进行协调（主题色彩元素可与背景主题色形成一定反差，以实现主题）。

Step 4：确定背景色与主题色之后，定位点缀元素。

①灯饰是点缀色中最醒目的装饰元素，尤其是吊灯。

②定位空间焦点位置的点缀元素，如客厅沙发背景墙和画品等。此时需严格依照已确定的背景色与主题色点缀元素的色彩可与主题色形成一定程度的反差。

Step 5：其他点级色搭配焦点元素适当介入。值得注意的是，为使空间和谐统一，点缀色尽量不要过于聚杂。

▌02 民宿材质与肌理设计基础

　　材质和肌理与民宿软装设计风格塑造有着紧密的联系。作为一种视觉和触觉的双重表现语言，材质和肌理是空间展示的重要符号。运用不同材质本身特有的情绪与特质，会极大激发设计师的创造力，展现空间艺术美感。

　　在民宿软装设计中，不同材质肌理的物理属性、色泽、纹路、形态、触感、图案以及软硬、糙滑、温凉等方面表现出来的形态美感，配合色彩、光线等感官元素的运用，会延伸出温暖、平静、岁月感等诸多心理联想，引导客人进入一种只有在特定氛围才能体验的绝妙意境，强化文化内涵张力。

　　例如美式复古风格，以斑驳的墙面、古旧家具、旧式设备、铁艺装饰、低光泽度的棉麻纺织品为软装要素。这些材料表现出厚重的历史沧桑感和西方文化的人文气息，还原出特定时代的特定风格，将美式复古风厚重粗犷、硬朗迷人的感觉展现得更具形象。对于民宿来说，客人对空间氛围的感悟正是对民宿文化的理解投射，这点十分重要。

1、民宿触觉设计基础

触觉感知是一种基于皮肤的感觉，是人对外部世界进行感知的最原始、直接的反馈信息，其中手指的触觉尤为突出。民宿的软装配饰设计中，触觉质感与色彩搭配、形态构成相辅相成，弥补装饰空间缺少的感知内容，并形成更含蓄的知觉体验。

表 12.1 触觉类型

触觉的类型	类型解读
硬触觉	硬触觉不易改变其原有形状，如接触砖材、硬木等材料时的知觉感受。
软触觉	力撤销后难以恢复其原有比例及形状，使接触物体形成柔软和知觉体验，如接触棉麻等布艺材料时的知觉感受。
涩触觉	所接触物体表面形成不流畅、阻碍感知等知觉体验，如接触粗陶、树皮等材料时的知觉感受。
润触觉	所接触物体表面形成顺滑、细腻等知觉体验，如接触丝织品、玻璃等材料时的知觉感受。
冷触觉	人的皮肤接触低温物体时产生的触觉的反应，冰冷的知觉体验，如接触不锈钢、理石等材料时的知觉感受。
暖触觉	人的皮肤接触较高温度的物体时产生的触觉反应，温暖的知觉体验，如接触毛料等材料时的知觉感受。
震触感	在平衡状态下形成周期性震动产生的触觉感知，如通过人的脚部踢击木质地板形成的知觉感受。
韧触觉	以软触觉为前提，力量被撤销后该物体可恢复成原来比例和形状，如按压皮质、海绵等材料时的知觉感受。

▌03 民宿的功能性软装元素

1、家具

家具陈设并不是简单意义上的随意摆放，而是注重空间规划、布局以及功能使用等要求，体现不同的形式与风格。

家具陈设设计中，除了要考虑家具的装饰性质之外，还需结合硬装空间及家具配饰的尺寸，以形成合理的空间功能设计。本节列举了不同功能空间的家具常见尺寸，旨在为民宿设计的家具陈设设计提供有效参考。

室内装饰的整体效果

进行家具陈设设计时，首先要对室内的设计功能、装饰效果进行整体规划，以便使空间内容形成一个完整的设计体系。

2、家具陈设要点

（1）家具内容的选择与家具的陈设布局

根据空间的面积、空间使用目的可将家具陈设类型划分为两种：

a. 必选类家具

功能空间的首选家具类型，使空间功能更加明确。常见的必选类家具有：

客厅空间：沙发、茶几、角几、电视柜。餐厅空间：餐桌、餐椅、餐边柜。

卧室空间：双人床、床头柜、衣柜。玄关空间：玄关台（玄关柜）。

b. 可选类家具

以必选类家具的陈设内容及陈设位置为前提，可在空间面积允许的情况下，增补家具陈设的功能及装饰内容，并填补空间。

（2）家具与其他配饰元素的协调

家具是软装配饰元素中最重要的组成部分，但需要与其他元素进行协调才可营造出空间配饰效果。布艺、灯饰、画品、花品及艺术陈设品均可对家具陈设效果产生一定影响。

表 12.2 民宿当中可能用到的家具

家具类型	家具明细
起居家具	三人沙发 贵妃榻 陈列柜 咖啡几 单人沙发 角几 玄关几 电视柜 单人沙发、脚蹬 收藏柜
卧室家具	床 梳妆台 梳妆椅 床头柜 床尾凳 衣柜 单人沙发 脚蹬
用餐家具	餐桌 餐椅 三层边桌
书房家具	书桌 座椅 角几 书柜

3、家具材质

表 12.3　木材类

序号	木材名称	木材属性	图片展示
1	降香黄檀	名贵的家具用材。具有如水波般多变的带状条纹及"鬼脸纹"，色彩如夺目的金黄及红褐色，并带有清新的芳香气。	
2	榆木	榆木质坚，韧性良好，纹理清晰流畅，硬度与强度适中。弹性良好，耐湿、耐腐。可用于雕刻，北方家具市场较常见。	
3	铁犁木	铁犁木又称铁力木、铁栗木。质初黄，用之则黑，因其高大多制作大件器物。	
4	樟木	木材呈淡黄色或红棕色，夹杂自然多变的木材纹理。可进行染色或雕刻处理。泛有清凉淡雅的香气，可驱虫避秽。	
5	榉木	纹理流畅、细腻清晰，色调柔和，富有光泽，重而坚固，抗冲击，蒸汽之下易弯曲，可制作不同的造型，握钉力强。	
6	楠木	金黄色，色泽夺目，华丽优美，具有很高的欣赏价值。不易变形，弹性较好，洋溢着芳香的气息，木质坚硬耐腐，使用寿命较长。	
7	楸木	因生长期较慢，是当代家具用材中较珍贵的材料。硬度及质量适中，刨面光洁，耐磨性较强。色彩及纹理较柔和，清晰而均匀。结构较粗，富有韧性，不易开裂翘曲。具有良好的加工性，无论黏合、着色还是涂饰均适宜。	
8	古船木	古船木原材料取自旧木船，经过海水几十年的浸泡具有强烈的沧桑感，并兼有防水、防虫的功效。船木一般采用比较优质的硬木。	
9	檀香紫檀	在所有制作家具的木材中最为细密坚硬。色彩从紫红到深紫不等，抛光后，有温润古雅的光泽，夹杂优美的纹理。非常适宜雕刻，可呈现极其精致的细节。印度的小叶紫檀最为名贵，为紫檀木中的极品。	
10	水曲柳	光泽性较强，略具蜡质感；弦面上拥有山形的美丽花纹。纹理直，结构较粗，具有良好的胶粘、油漆、着色性，加工时切面光滑。	
11	酸枝木	是世界闻名的高级家具用材。木质坚韧细腻，切面光洁。色彩呈橙红、红紫或黑褐色，夹有棕色或者黑色条纹。色易变深，日久会由深紫色转为黑色，内部含有丰富的油质，耐腐且耐久性较强。切割时具有明显的酸香气。	
12	鸡翅木	色泽或白质黑章，或色分黄紫，纹理变化繁复，形成赏心悦目的"花云状"。强度较高，干缩性较强，加工较难，易钝刀。耐腐，弯曲性能较好。	
13	山毛榉	色泽淡雅，纹理细腻，多呈温暖的浅色，易于成型，抗压力强，不易分裂。易于染色、油漆和黏合。运用蒸汽更易加工。弯曲时较硬，使其不易于铣削。	

续表

序号	木材名称	木材属性	图片展示
14	黄杨木	木质细腻，肉眼看不到棕眼，因其生长缓慢，很难见到大料。很少出现大件作品，常用于镶嵌或制作小型工艺品。多作为工艺品摆件或名贵家具上的局部镶嵌，很少见到黄杨木制作的家具成品。	
15	乌木	坚固、沉重，心材呈黑色或黑褐色，具有弦向的细条纹状，排列均匀。	
16	柚木	为世界闻名的贵重木材。柚木的心材具有金色光泽，略具油质感。纹理通直，结构较粗，易钝刀。有较好的上蜡性能，干燥性好，适宜油漆、胶粘。	
17	樱桃木	樱桃木是国际上制作家具的高档木料，木纹多为直纹。抛光性能、涂装效果、机械加工性能良好，干燥较容易，具有很好的尺寸稳定性。	
18	枫木	呈淡雅的乳白色，并夹杂柔美的花纹，偶尔带有轻淡的红棕色。材质密实，抛光性能较好。其中，加拿大枫木是枫木类型中最具代表性的，木质密实，纹理突出，有的木纹中呈雀眼状或虎背状花纹，常用于高档的家具饰面。	
19	胡桃木	主要产自北美及欧洲，是世界闻名的家具用材。高端胡桃木皮常用于建筑工程木造部分、高档家具饰面、中高档汽车的内装饰面及钢琴表面装饰。	
20	橡木	色泽优雅柔和，具有富有变化的自然纹理，质重而坚硬，具有一定的韧性，可根据设计需要将其加工成弯曲状。具有舒适细腻的触感，结构粗，耐磨损，力学强度较高。	
21	桦木	木材呈黄白色，略带褐色，纹理较直，略带倾斜。有优美的自然光泽，弹性较好，结构均匀，质量、硬度、强度适中，富有弹性；干缩性较差。易于染色、磨光、黏合、旋切；干燥较快，易开裂和翘曲。	

表 12.4 人造板材类

序号	板材名称	板材属性	图片展示
1	刨花板	用硬化剂、胶粘剂、防水剂将经过干燥并已加工成型的木屑和边角料，在一定温度下压制而成的板材。吸声性能及隔音性能良好。边缘粗糙，吸湿性较强，因此制作家具需经过严谨的封边处理。	
2	密度板	又称"纤维板"，主要是以脲醛树脂或其他胶粘剂制成的人造板材。又因其密度的不同，可划分为高密度纤维板、中密度纤维板及低密度纤维板，其中，制作家具主要是以中密度纤维板（中纤板）为主要材料。制作工艺是经过热磨、施胶、干燥、铺装后热压而成。在构造上，纤维板比天然木材更加均匀，不易虫蛀，但防水性不佳，易于变形。另外，密度板的主要构成材料为木制纤维，因此握钉力较差。	
3	胶合板	使用经软化处理的原木旋切成为单板，经过干燥、涂胶按木材纹理重叠，经过热压机压制成型。便于形成优雅的曲线造型，因此大量用于现代家具设计中。	

续表

序号	板材名称	板材属性	图片展示
4	三聚氰胺板	主要分为国产和进口两类。先将不同装饰效果的纸于三聚氰胺树脂胶粘剂中浸泡，经干燥使其固化，再用中纤板、刨花板、胶合板等板材为基材，经热压而完成的板材。耐水性、耐高温性及耐磨性较高，光泽度好，装饰性强，可结合各种人造板材和天然木材进行贴面，形成丰富的装饰效果。	

表 12.5 常见板式家具饰面材料类

序号	板材名称	板材属性	图片展示
1	木纹纸	俗称"贴纸"，也称"保丽纸"，纸质是一种表皮装饰纸，厚度一般为 0.5 ~ 1.0 毫米，原材料一般是木浆牛皮纸，有较大的强度与韧性。表面为模仿树纹印刷出来的样式，有较好的光泽度。	
2	薄木	俗称"木皮"，是一种良好的家具表面装饰材料，可丰富家具的视觉装饰效果，成为高端家具饰面的常用材料。薄木以厚度可划分为"厚薄木"和"微薄木"，大于 0.5 毫米称为"厚薄木"，小于 0.5 毫米称为"微薄木"；按制造方法可分为刨切薄木、旋切薄木、锯切薄木，通常用刨切方法制作较多；按形态可分为天然薄木、染色薄木、组合薄木（科技木皮）、拼接薄木等。	
3	烤漆	在基材上打三遍底漆、四遍面漆，每上一遍漆，送入无尘恒温烤房，进行烘烤。具有不粘附性能及优良的耐热和耐低温性，以及良好的绝缘稳定性及耐摩擦性。短时间内可耐高温，达 300 ℃，在 240℃ ~260 ℃ 之间可连续使用，可在低温下工作而不脆化，高温下不融化。	
4	聚氯乙烯	即 PVC 胶板，是一种性能良好的热塑性树脂，用于各类面板的表层包装，因此又称"装饰膜"、"附胶膜"，用于建材、包装等行业。防火、耐热作用良好。不易被酸、碱腐蚀。	

4、家具基本尺寸

家具陈设设计中，需结合硬装空间及家具配饰的尺寸，形成合理的空间功能设计。本节列举了不同功能空间的家具常见尺寸，旨在为民宿家具陈设设计提供有效参考。

表 12.6　家具尺寸——卧室（单位：毫米）

类型	单人床	双人床	床头柜	衣柜
尺寸	900×1800×450	1800×2000×450	——	对开门衣柜：长 800 ~ 900，深 550 ~ 600，高 2200 ~ 2400 推拉门衣柜：长 1200 ~ 2000，深 550 ~ 600，高 2200 ~ 2400
常规宽度	900、1050、1200	1350、1500、1800	400 ~ 600	
常规长度	1800、1860、2000、2100	1800、1860、2000、2100	350 ~ 450	
高	350 ~ 600	400 ~ 600（350 ~ 600）	500 ~ 700（350 ~ 700）	单个柜门尺寸：350 ~ 450

表 12.7　家具尺寸——客厅（单位：毫米）

沙发类型	沙发尺寸	详细尺寸	坐垫高	背高
单人沙发	950（900）×900×800	长 800 ~ 950，深 800 ~ 900	350 ~ 420	600 ~ 900（通常现代的沙发靠背较低矮）
双人沙发	1600×900×800	长 1260 ~ 1600，深 800 ~ 900	350 ~ 420	600 ~ 900
三人沙发	2100×900×800	长 1750 ~ 2100，深 800 ~ 900	350 ~ 420	600 ~ 900
四人沙发	2500×900×800	长 2320 ~ 2500，深 800 ~ 900	350 ~ 420	600 ~ 900
茶几	1200×600×380 1500×700×380 900×900×380 （一般高度区间为：330 ~ 420）	长方形（中型），长度 1200 ~ 1350，宽度 600 ~ 750 长方形（大型），长度 1500 ~ 1800，宽度 600 ~ 800 正方形常规尺寸：900、1050、1200、1350、1500 圆形常规直径：750、900、1050、1200	——	
电视柜	1500×450×450 1800×450×450	长 1200 ~ 2500，深 350 ~ 600，高 350 ~ 700	——	

表12.8 家具尺寸——餐厅(单位:毫米)

家具类型	具体尺寸
餐桌、餐椅	餐桌: 1200×850×700 餐椅: 450×450×900(座面高度为400)
方形餐桌	桌面尺寸: 二人 700×850,四人 1100×850,六人 1400×850,餐桌高度: 800~830
圆形餐桌	桌面尺寸(以直径计算): 二人 500~800,四人 900,五人 1100,六人 1250~1350,餐桌高: 800~830
酒吧台	常规尺寸: 长 900~1050,宽 500,酒吧凳高 600~750 详细尺寸: 高度 750~780,西式高度 680~720,一般方桌宽度为 1200、900、750
书椅	座面 450×450×450,椅背 900~1100
书桌	常规尺寸: 1200×600×750 详细尺寸: 深 450~1000,高 750(书桌下缘离地至少为 580),长度最少为 900(1200~1800 为最佳尺寸)
书柜	高 1800~2300,宽 1200~1500,深 400~500
茶几	前置型: 900×400×400 中心型: 900×900×400、700×700×400 左右型: 600×400×400

5、卫浴设施

卫浴空间作为民宿客房的重要组成部分，是提升民宿品质的重要一环。它是一个很容易忽略，同时很容易出彩的地方。在注重生活品质的现代，人们更多趋向认为它是一个以沐浴、休憩功能为主的家居空间。高品质的卫浴空间可以纾解客人旅途的疲惫，给客人带来身体与心灵的双重享受。而卫浴空间设计的良好审美和创意，也会彰显民宿特色，使卫浴空间成为民宿的一个记忆点。

试想在开阔的浴室，沐浴在独立浴缸里，聆听音乐，甚至欣赏窗前的美景，不仅是一场美妙的旅行，更是对美的多重品鉴。

卫浴的设计，也应延续民宿整体软装风格。从洗面盆、坐便器、浴缸，到置物架、储藏柜、装饰品、照明，所涉及到的物品质量、细节和样式都要精心对待。

6、灯具设计

　　民宿室内设计中，照明设计是光环境中最重要的一个设计环节，除保证室内照明、照度、色温、配光曲线等功能需求外，还要确保用光卫生，保护眼睛，避免因眩光或光线照度不足造成的视觉疲劳。功能性是装饰性的基础。在软装陈设设计中，还应注重灯具的照明方式、造型、色彩、材质和风格与整体环境的协调性。

　　灯饰陈设，不能只考虑灯饰，还应与项目定位、空间大小、照明方式、硬装风格、材质、色彩相联系，从而充分体现灯饰的陈设风格与品位。陈设不仅是装饰，更要满足其功能需求，体现设计文化和内涵。

　　自然光也是需要重视的元素，有句话叫再好的灯光也比不了自然的光照。了解自己民宿的光照条件，扬长避短，为客人提供良好的自然光照也会提升满意度。

7、灯饰的设计原则

　　黄金定律原则：即集中式光源、辅助式光源、普照式光源，缺一不可，并应混合运用，亮度比例大约为 5：3：2。

8、灯饰的分类

（1）按照照明方式和配光曲线分类

直接照明式：白色搪瓷、铝板和镀水银镜面玻璃等半封闭不透明灯罩，光通量百分比为90％~100％的光线投射到被照面上，从而使照明区和非照明区之间形成强烈的对比。灯罩的深浅决定光照面的大小，用伞形灯罩，光照面则大；用深筒形灯罩，光照面则小。直接照明的灯饰造型中，伞形直接照明不仅可加大工作面的照度，而且可突出重点区域的照明，还可使空间有明暗变化的层次感。

半直接照明式：用罩口朝下、半封闭半透明的灯罩调控，光通量百分比为60%~90％的光线集中投射到采光面上，同时把其余光照射到周围空间中，从而改善室内的明暗对比度，产生舒适柔和的采光效果。

间接照明式：原理与直接照明式灯具相同，只是灯罩的罩口朝上，把全部光线投射到顶棚后再反射回来。这样做光线均匀柔和，可以完全避免眩光和阴影，但光的损耗很大，因而电能损耗大，所以通常与其他灯具搭配使用。

半间接照明式：与半直接式灯具原理相同，但灯罩的罩口方向朝上，把60％~90％的光线投射到天棚和墙的上端，再反射照到室内空间，使整个空间光线分布均匀，无明显阴影，但光的损耗较大，所以需要比正常情况增加50％~100％的光照度，以保证足够的亮度，常用在大客厅的辅助光源中。

均匀漫射式：用全封闭半透明的灯罩调控，把光线全方位均匀地向四周投射，光通量百分比为40%~60%，光线均匀柔和。均匀漫射式照明有利于保护视力，但损耗较多，光效不高，因此适用于没有特殊要求的普通空间。

（2）按照安装方式和使用位置分类

a. 吊灯

把灯具悬挂在顶棚上作为整体照明，通常以多只白炽灯做光源。安装高度：最低点离地面不小于2.2米，离天花板500~1000毫米。

b. 吸顶灯

吸顶灯直接固定在顶棚上，通常以荧光灯或白炽灯做光源，分为嵌入式、隐藏式、浮凸式和移动式等类别，可直接装在天花板上，安装简易，款式简单大方，使空间清朗明快。

c. 落地灯

一种局部照明光源，投光随意灵活，不产生眩光，造型美观大方，但需要占用一定空间。落地灯强调移动的便利，对于角落气氛的营造十分实用。采光方式若为直接向下投射，适合阅读等需要精神集中的活动；若为间接照明，则可调整整体的光线明暗。灯罩下边离地面1.8米以上。

d. 壁灯

分为挂壁式、附壁式等，通常壁灯距墙面9~40厘米，距地面145厘米以上。一般以日光灯或白炽灯做光源，造型精巧，装饰性好，布置灵活，占用空间少，光线柔和。

e. 台灯

主要用在室内桌或台等处，以荧光灯或白炽灯做光源，是为日常工作和学习提供局部照明的最佳选择。

9、餐具

在民宿的生活空间中适当摆放一些可使用的餐具，一方面满足了客人餐饮的功能性需求，另一方面餐具也是使用过程中重要的感官体验。

餐具应根据研究过的风格背景文化来选择，打造整体风格。

10、镜子

镜子具有实用性和装饰性的双重效果，因此，运用镜子是室内装饰的常用手法之一。

（1）浴室镜子

在浴室放镜子是常见的。如果空间足够大，还可以尝试在水槽墙上镜子的对面安装一个带可调臂的大镜子，这样就可以轻易看到自己的身后。如果浴室非常小，可以考虑在浴缸上面挂一面带框架的镜子，让浴室显得更加宽敞。

（2）卧室镜子

卧室里的镜子可以挂在大面积的墙上，或卧室门上，或嵌在橱柜门上，整理衣服更为方便。要确保镜子前面的空间够大，以便能在充分反射的条件下照到全身，如太靠近镜面，视线就会受到影响。

（3）门厅或走廊里的镜子

一面关键性的镜子可以反射光线，所以在较暗、较窄的门厅或走廊里安装镜子，会让门厅或走廊更为开阔敞亮。

█04 民宿的装饰性软装元素

1、装饰画

　　装饰画在室内装饰中起到很重要的作用。装饰画没有好坏之分，只有适合与不适合。画的风格要根据民宿整体风格而定，同一环境中的画风最好一致，不要有大的冲突，否则就会让人感到杂乱和不适。

　　画的尺寸要根据房间特征和主体家具的大小来定，比如客厅里画的高度在 50~80 厘米 为宜，长度则要根据墙面或主体家具的长度而定，一般不宜小于主体家具的 2/3，如沙发长 2 米，画的整体长度应在 1.4m 米左右；比较小的厨房、卫生间等，可以选择高度 30 厘米左右的小装饰画。如果墙面空间足够，又想突出艺术效果，最好选择大幅画，这样效果会更突出。

　　装饰画按照种类大致可分为：中国字、画，西洋油画，工艺画，摄影作品等。

（1）中国字、画

　　中国字、画的形式多样，有横、直、方、圆和扁形，也有大小长短之分 ，可写在纸、绢、帛、扇、陶瓷、碗碟、镜屏等物之上 。

　　中国字、画具有清雅古逸、端庄含蓄的特点，在中式风格的室内装修设计中摆放恰到好处，体现了庄重和优雅的双重品质。适合的配画题材有人物画、花鸟静物画、风景画等。

（2）油画

　　古典油画注重写实，以透视和明暗方法表现物象的体积、质感和空间感，并要求表现物体在光源照射下呈现一定的色彩效果。西洋画题材大多以人、物为主。

　　现代以及当代油画注重观念表达，或抽象或写实，形式不拘一格。

（3）工艺画

工艺画是用各种材料，通过拼贴、镶嵌、彩绘等工艺制成的图画，是相对独立的工艺品。也可以是巧用当地材料打造的工艺画作品，更有在地文化带入感。

（4）摄影作品

摄影作品的应用较为普遍，可根据画面内容的不同而摆放在风格迥异的室内空间中。画框可华丽、可简单，也可不用画框或制作成一组。

2、工艺品

在现代室内装饰设计中，装饰艺术品愈来愈受到人们的重视，作为重要的表现手法之一，逐渐成为室内装饰中极具潜力的发展方向。工艺品能够突显个性、展现风格，使我们生活的环境更富魅力。工艺品按照材质不同可分为玻璃工艺品、水晶工艺品、金属工艺品、陶瓷工艺品、植物编织工艺品等。

艺术陈设品极具创意和浓郁的历史文化积淀，一方面营造空间历史文化氛围，另一方面间接彰显出民宿主的艺术品位及个人修养。精心设计及制作精良的艺术陈设品可美化环境，愉悦观者的视觉感受。小型艺术陈设品更是室内装饰不可缺少的点缀元素，陈设种类、布局方式多样，可营造出比家具、布艺等功能陈设更丰富的效果。

艺术陈设品的布局方式：

（1）对称式

两个对应区域的陈设品采用相同的造型、比例、色彩、材质以及数量。效果稳定、庄重，但易于僵硬、呆板。为此，可改变陈设品的朝向，或选择具有一定差异的陈设内容。

（2）均衡式

室内空间两个对应区域的陈设品数量、比例、造型、色彩以及材质明显不同，经过特殊选择与位置处理，依旧呈现出类似于对称式平衡的稳定感。

（3）重复式

相同或类似的陈设品采用重复摆放的布局方式，形式、色彩、材质、比例较接近，旨在形成更加中正的秩序和效果。布局时，陈设品的间距一致，排列方式以一字形、方框形居多。

（4）渐变式

陈设品的比例、色彩、形态、材质以规律的方式逐渐演进而成，有较明显的节奏感和序列感，为了形成渐变的微妙变化，运用数量较多的陈设品。

（5）焦点式

陈设品作为室内焦点，常处于室内居中、醒目的位置，在数量上相对较少，常与其他配饰形成一定程度的反差。

3、装饰花艺

花，作为美的象征，赋予了空间向外的动力和向内的宁静，是给民宿空间注入情感的必需品，在室内空间中往往起着画龙点睛的作用，可以体现民宿主人的修养与品味。

（1）花品的陈设方式

众多室内配饰元素中，花品属于陈设类型较特殊的组成部分，具有"非人工装饰性"；自然生长的造型与色彩在一定程度上柔化了空间氛围，为空间注入自然气息。

（2）运用原则

a. 花品的风格

陈设花品时，风格尽量与环境风格保持一致。中式风格花品陈设中，处于核心位置的花品采用自然造型，以木本条植物作为主要花材，并搭配白色瓷器，凸显雅致之美。美式乡村风格花品陈设中，质朴舒适的氛围让人感到放松、自然，餐桌陈设作为就餐区的视觉中心，可烘托空间氛围。

b. 花品的协调性

花品是空间配饰的特殊元素，运用时应注意与其他元素相协调。花品应与背景、家具以及摆件形成有效呼应，使空间配饰效果更加一体化。花果与绿植艳丽而夺目，与周围色彩及材料形成强烈的反差，凸显花品的装饰性，使其成为空间焦点。

（3）花品的陈设位置

花品陈设的欣赏距离和欣赏角度处于最佳状态时可增强空间渲染作用。风格、功能、空间面积以及户型等因素均导致花品陈设位置的不同。

例如，传统日式花道作品，创作者插贮时以正面为基础，着重将花材最美的一面展示给观众看。因此日式传统花道作品多数陈设于壁龛之内单面欣赏。现代花艺作品的欣赏角度更多，如双面观赏的作品，更适宜放在空间过渡位置，以区隔功能空间。

三面观赏的作品适宜陈设在墙角，以填补空间空白。花品陈设于空间中央时，可供四面观赏，并作为室内核心。

另外，不同的欣赏视角可选择不同的花品形式。需要平视欣赏的花品多选择直立式或倾斜式；需要形成一定高度的仰视效果的花品则选择垂吊式。

4、空间香氛

香氛是一种嗅觉感受，不仅是在一定的空间内释放宜人的气味，更是一门是营造氛围的艺术。

民宿之于客人，是一个异乡的家，让客人在这个临时居所里如回家般安心舒适，这是每家民宿经营者的最高理想。而空间香氛正是不同生活居所的连接点，最能恰如其分地提供放松的气息。

香氛之于民宿软装是看不见的修饰品，但产生的影响有时会远远超出过其他感官。不同的香氛味道如一把把记忆的钥匙，可以于无形中与民宿主题风格相契合，以嗅觉感受引导客人感受空间，增强对民宿的美好印象，进而留下深刻的记忆。例如：海边的民宿可以在卧室里放上海洋味道的清新香气，田园风格的民宿可以选择温暖的花香，如铃兰、茉莉、玫瑰等。

（1）香氛的选择原则

要避免特别厚重、辛辣、或者脂粉气息特别浓的味道，选择或清新，或沉稳，令人快乐安逸的味道。公共空间、卧室、浴室等不同的空间，使用不同的香味来修饰。

（2）香氛的种类

空间香氛若是按形式分主要有藤条香薰，喷雾香薰，精油香薰，蜡烛香薰，线香香薰等几个大类。

藤条香薰原理是通过挥发性好的植物将香精油吸到藤条或花头，挥发到空气中，持续散发香味，一般扩香可使用长达 6 个月甚至 1 年之久。藤条香薰使用安全、方便，容器造型装饰性很高。

（3）室内香氛主要的香调可大致分为：

西普香调——典型代表是佛手柑葡萄柚等香味

花香调——花朵的芬芳香气

果香调——果子的微酸清甜

木香调——檀香、雪松等清冷的味道，偏中性

东方香调——广藿香、胡椒等偏辛辣的味道

另外还有皮革香这种偏硬朗的味道。

喷雾香氛主要用于应急，比如以前常用的空气清新剂，虽然香味并不持久，但是在特定场合调和气味十分合适。

精油香氛，专用精油配合香薰机使用，原理是超声波雾化，和加湿器类似。雾气可通过超声波扩散，让人陶醉于光与雾气的旋律。

不工作工作室

优质香薰蜡烛多以手工方式制作，注入天然植物精油，散发沁人心脾的香气。摇曳的烛光就像跳跃着的生灵，火光闪烁间妙不可言，堪称情调代表。

宜古宜今的线香相比香薰蜡烛更加凝神静气，还能让人从静雅淡香中放松身心。配上别致的香插或者香盒给生活添置一丝不一样的东方品味。

大予

凡朴香生活

‖05 旅游民宿基本要求与评价标准

1、范围

正式营业的小型旅游住宿设施，包括但不限于客栈、庄园、宅院、驿站、山庄等。

2、术语和定义

旅游民宿 homestay/inn

利用当地闲置资源，民宿主人参与接待，为游客提供体验当地自然、文化与生产生活方式的小型住宿设施

注：根据所处地域的不同可分为城镇民宿和乡村民宿。

民宿主人 ownerand/investor

民宿业主或经营管理者

3、评价原则

（1）传递生活美学

民宿主人热爱生活，乐于分享。

通过建筑和装饰为宾客营造生活美学空间。

通过服务和活动让宾客感受到中华民族传统待客之道。

（2）追求产品创新

产品设计追求创新，形成特色，满足特定市场需求。

产品运营运用新技术、新渠道，形成良性发展。

（3）弘扬地方文化

设计运营因地制宜，传承保护地域文化。

宣传推广形式多样，传播优秀地方文化。

（4）引导绿色环保

建设运营坚持绿色设计、清洁生产。

宣传营销倡导绿色消费。

（5）实现共生共赢

民宿主人和当地居民形成良好的邻里关系。经营活动促进地方经济、社会、文化的发展。

4、基本要求

经营场地符合本辖区内的有关规定，无影响公共安全的隐患，并征得当地政府及相关部门的同意。

经营的建筑物通过相关房屋安全性鉴定；开业以来或近三年未发生重大以上的安全责任事故。

建设、运营采取节能环保措施，废弃物排放符合相关要求。

经营依法取得当地政府要求的相关证照，满足治安消防相关要求。

生活用水、食品（来源、加工、销售）、卫生条件符合相关要求。

从业人员经过卫生培训和健康检查，持证上岗。

公示服务项目，标明营业时间，明码标价收费项目。

定期向旅游主管部门报送资料，及时上报突发事件等信息。

5、安全管理

应建立健全各类相关安全管理制度，落实安全责任。对从业人员进行定期培训。

易发生危险的区域和设施应设置安全警示标志；易燃、易爆物品的储存和管理应采取必要的防护措施，符合相关法规。应配备必要的安全设施，确保宾客和从业人员人身和财产安全。

应有突发事件应急预案，并定期演练。

应自觉遵守当地习俗。

6、环境和设施

环境应保持整洁，绿植养护得当。主体建筑应与环境协调美观，景观有地域特色。

单幢建筑客房数量应不超过 14 间（套）。主、客区宜相对独立，功能划分合理，空间效果良好。

建筑和装修宜体现地方特色与文化。

应提供整洁卫生、安全舒适的住宿设施和餐饮设施。

宜提供宾客休闲、交流的公共区域，布局合理。

设施设备完好有效，应定期检查并有维保记录。有适应所在地区气候的采暖、制冷设备，各区域通风良好。

公共卫生间应位置合理，方便使用。

应配备必要的消毒设施设备、应急照明设备或用品。提供无线网络，方便使用。

7、卫生和服务

旅游民宿应整洁卫生，空气清新，无潮霉、无异味。

客房床单、被套、枕套、毛巾等应做到每客必换，并能应宾客要求提供相应服务。公用物品应一客一消毒。

客房卫生间应有防潮通风措施，每天全面清理一次，无异味、无积水、无污渍，公用物品应一客一消毒。

应有防鼠、防虫措施。

民宿主人应参与接待，邻里关系融洽。接待人员应热情好客，穿着整齐清洁，礼仪礼节得当。接待人员应熟悉当地旅游资源，可用普通话提供服务。接待人员应熟悉当地特产，可为宾客做推荐。接待人员应掌握相应的业务知识和服务技能，并熟练应用。

晚间应有值班人员或电话。接待人员应遵守承诺，保护隐私，尊重宾客的宗教信仰与风俗习惯，保护宾客的合法权益。

8、等级

旅游民宿分为二个等级，金宿级、银宿级。金宿级为高等级，银宿级为普通等级。等级越高表示接待设施与服务品质越高。

（1）金宿级

a. 周围应有优质的自然生态环境，或有多处体验方便、特色鲜明的地方风物。建筑和装修宜特色鲜明，风格突出、内外协调。宜在附近设置交通工具停放场地，方便抵达，且不影响周边居民生活。

b. 客房装饰应经专业设计，体现当地特色，符合基本服务要求，整体效果好。客房宜使用高品质床垫、布草、毛巾和客用品，可提供二种以上规格枕头，整体感觉舒适。客房宜有较好的照明、遮光效果和隔音措施。电源插座等配套设施应位置合理，方便使用。客房卫生间宜装修高档，干湿分离，有防滑防溅措施，24h 供应冷热水。公共空间宜经专业设计，风格协调，整体效果良好。

c. 民宿主人应提供自然、温馨的服务，能给宾客留下深刻印象。宜组织多种宾客乐于参与的活动。宜提供早餐服务。宜提供特色餐饮服务。宜设置导引标识或提供接送服务，方便宾客抵离。宜建立相关规章制度，定期开展员工培训。宜建立水电气管理制度，有设施设备维保记录。宜开展和建立消防演习和安全巡查制度，有记录。

d. 设计、运营和服务宜体现地方特色和文化。应有宾客评价较高的特色产品或服务。应有较高的市场认可度。宜积极参与当地政府和社区组织的集体活动。宜提供线上预定、支付服务，利用互联网技术宣传、营销。经营活动应有助于地方经济、社会、文化的发展。宜注重品牌建设，并注册推广。

（2）银宿级

a. 周围应有较好的自然生态环境，或有多处方便体验的地方风物。建筑和装修宜内外协调、工艺良好。宜设置交通工具停放场地，且不影响周边居民生活。

b. 客房装饰应体现当地文化，整体效果较好。客房宜提供较为舒适的床垫、布草、毛巾和客用品，可提供二种以上规格枕头。客房宜有窗帘和隔音措施，照明效果较好，电源插座等配套设施宜位置合理，方便使用。客房卫生间应有淋浴设施，并有防滑防溅措施，宜使用品牌卫浴。

c. 民宿主人应提供自然、温馨的服务。宜组织宾客乐于参与的活动。宜提供早餐和特色餐饮服务，或附近有餐饮点。

d. 可为宾客合理需求提供相应服务。宜利用互联网技术宣传、营销。